森林报·秋

[苏联] 维塔里·瓦连季诺维奇·比安基/著

童趣出版有限公司编译　　人民邮电出版社出版
北　京

图书在版编目（CIP）数据

森林报. 秋 / (苏) 维塔里・瓦连季诺维奇・比安基著 ; 童趣出版有限公司编译. -- 北京 : 人民邮电出版社, 2022.1
（童趣文学 : 经典名著阅读）
ISBN 978-7-115-57687-3

Ⅰ. ①森… Ⅱ. ①维… ②童… Ⅲ. ①森林—少儿读物 Ⅳ. ①S7-49

中国版本图书馆CIP数据核字(2021)第210689号

著：[苏联] 维塔里・瓦连季诺维奇・比安基

责任编辑：郭　品
执行编辑：林乐蓓
责任印制：李晓敏
改　　写：武陵人
美术设计：北京绵绵细语文化创意有限公司

编　　译：童趣出版有限公司
出　　版：人民邮电出版社
地　　址：北京市丰台区成寿寺路 11 号邮电出版大厦（100164）
网　　址：www.childrenfun.com.cn
读者热线：010-81054177
经销电话：010-81054120

印　　刷：三河市兴达印务有限公司
开　　本：685mm×960mm 1/16
印　　张：11
字　　数：171 千字
版　　次：2022年1月第1版　2024年8月第2次印刷
书　　号：ISBN 978-7-115-57687-3
定　　价：20.80 元

序　言

教育部颁布的《义务教育语文课程标准（2022 年版）》（以下简称“新课标”）中提出，“要激发学生读书兴趣，要求学生多读书、读好书、读整本书，养成良好的读书习惯，积累整本书阅读的经验”。

作为“新课标”第一套示范教材，由教育部直接组织编写的 2016 年版语文教材（以下简称“部编本”语文教材）做出了两个重要改变：适当减少精读精讲的比例，避免反复操练知识点；名著阅读重在“一书一法”，积累读书方法，摒弃僵化的“赏析体”。

在“新课标”的纲领和“部编本”语文教材的示范下，本套“童趣文学　经典名著阅读”丛书包含“新课标”建议阅读书目，覆盖义务教育学龄段，践行感悟式阅读、综合性点拨，帮助孩子全面提升语文素养。

选本充分体现经典性、可读性和文学性，并且注重多样化，力求做到古典文学与现当代文学、中国文学与外国文学兼顾。在体裁方面，也追求丰富多样，童话、寓言、诗歌、散文、小说、传记、杂文等均包含在内。

中国现当代文学名著均为原版呈现，并首次整理《附表》，将书内异于现代汉语使用规范的汉字单独列出，使孩子既能品读名著的原汁原味，又能巩固字词的最新规范用法，“鱼与熊掌”兼得。

体例上，在正文之外，设置“走近文学大师”“走近文学作品”“导读”“阅读感悟”“自我检测题”等板块。其中，“走近文学大师”“走近文学作品”尤为翔实生动，围绕作品进行立体式内容延伸，重点讲解作品知识和文化常识，运用多种新颖直观的图解整合内容，避免空洞的概念陈述。比如，“作者简介”内容翔实丰富，“一生足迹”采用思维导图，作品特色介绍采用关键词索引，等等。形式贴合内容，读来走心不吃力。“自我检测题”不走题海战术，不与模式化考题重复，以阅读策略为主线设计习题，真正做到“一书一法”，以方法统领知识点。

名著正文中的注解，参照《义务教育语文课程常用字表》《现代汉语词典》，对生僻字词、相关的历史和文化知识等，做了准确精要的注释。名著正文中标注出曾入选语文教材的章节和值得重点品读的段落，引导孩子把握精读和泛读的节奏，点到为止，不以模式化的解读来代替孩子的体验和思考。

期望能通过这套丛书中富有东方审美意味的插图和版式，为孩子营造亲切的母语氛围；通过完备的体例和灵活的点拨，让孩子发现经典作品的内在美；通过千百年来流传的大师作品，帮助孩子找寻奇妙时空里的对话者，在阅读中快乐成长。

插图一

一只小蜘蛛在两株云杉幼苗之间结了一张银色的网。这张网被寒露浸染，像是琉璃做成的，仿佛一碰就会碎落，发出丁零当啷的声响。小蜘蛛蜷缩成一个小小的球，僵硬地趴在网上，一动不动。

插图二

我去打水的时候，冲着喜鹊喊：“‘小机灵’，跟我来！”

它就落在我的肩头，跟着我一起走了。

现在，小鲤鱼正准备搬到新家——冬天的池塘里去过冬。等冬天过去，它们就是一周岁的鲤鱼了。

小学生们惊讶地发现，芜菁比年龄最大的小学生瓦吉克的脑袋还要大。但最令他们感到惊讶的，还是大块头的胡萝卜。

水老鼠把卧室设在一个大草墩下，卧室里垫着柔软、暖和的草。

插图六
但凡有小兔子出现在林中空地上，长耳鸮立刻就能飞到它的上空。咚的一声，小兔子就只能在它的利爪下徒劳地挣扎了。

清早，我会把三只小鸭放出来，它们会立刻跳进水沟里玩耍。等它们觉得冷了，就会立马往家里跑。

插图八

啄木鸟落到云杉枝上，用长长的嘴喙啄下一个球果，衔着它沿着树枝往上跳去。

目录

走/近/文/学/大/师

维塔里·瓦连季诺维奇·比安基

作者简介

维塔里·瓦连季诺维奇·比安基（1894—1959年），苏联儿童文学家、动物学家。在他30多年的创作生涯中，写过大量科普作品、小说和童话。作为苏联大自然文学的代表作家之一，比安基被誉为“发现森林第一人”“森林哑语的翻译者”。他在作品中不仅教少年读者们认识森林的动物和植物，详细地描绘了动物的生活习性、植物的生长情况，还教少年读者们观察、比较和思考，做一个森林的观察者和保护者。

《森林报》是他的代表作，已被译成多种语言在英国、法国、德国、日本和中国等多个国家和地区出版，目前已经有30多个版本，畅销60多个国家。比安基多年患有半身不遂症，在逝世前他仍然坚持写作，还专门为中国的小读者写了不少作品，是中国小读者的好朋友。除此之外，他创作的《少年哥伦布》《写在雪地上的书》《无所不知的兔子》等同样深受广大读者的喜爱。

一生足迹

1894年 出生于俄国，他的父亲是一位著名的自然生物学家，从小受家庭熏陶，他对大自然产生了浓厚的兴趣。

1913年 成年后，他在乌拉尔河阿尔泰山区一带旅行，沿途详细记录了所看到、听到和遇到的一切。

1921年 积累了大自然旅行的日记素材，决定当一名作家，开始创作科学童话、科学故事、打猎故事。

1927年 《森林报》出版，比安基正式走上文学创作道路。

1957年 作品集《森林中的真事和传说》出版。

1959年 患脑溢血逝世。

1961年 《森林报》已再版10次，每次再版都增加一些新栏目。

作者关键词→

· 父亲的陪伴

比安基的父亲是一位著名的自然生物学家，家里养着许多飞禽走兽。受父亲及这些终日为伴的动物朋友的影响，他从小就对大自然的奥秘产生了浓厚的兴趣。比安基还是一名少年时，就喜欢到科学院动物博物馆去看标本，跟随父亲去山上打猎，在很小的时候，他就开始自己打猎了。每逢假期他还会跟家人去郊外、乡村或者海边居住。在那里，父亲教会他怎样根据飞行的模样识别鸟类，根据脚印辨别野兽。

· 勇敢的森林之旅

比安基一生的大部分时间都消磨在森林里。他总是随身携带着猎枪、望远镜和笔记本，走遍一座又一座森林。成年后，他开始在乌拉尔河阿尔泰山区一带旅行，沿途详细记录了他所看到、听到和遇到的一切。27 岁的时候，他已经积累了一大堆日记。后来，比安基决定当一名作家。于是，他开始创作，写科学童话、科学故事、打猎故事……他很擅长在别人看起来普通和平凡的事物中发现新鲜事物。他的童话、故事和小说，为小读者展现了一幅幅栩栩如生的自然图景。

如今，我们生活在钢筋水泥的城市中，对大自然越来越陌生，在森林、河流、湖泊里生活的动物、植物也离我们越来越远。《森林报》恰恰为我们展示了远离人类干扰的大自然生活的原貌，那里隐藏着无穷无尽的奥秘，它们被作者一一揭开。自然生活并非我们想象的那么平静、有序，它们是热闹且生机勃勃的，即便是植物，也在一年四季有不同的生命写照。

作者比安基的描写，让大自然的四季拥有了自己的色彩。阅读《森林报·秋》，就仿佛置身于森林深处，让读者重新感受到自然的生命力。

走/近/文/学/作/品

《森林报·秋》

内容简介

《森林报》是苏联作家维塔里·瓦连季诺维奇·比安基的代表作，他擅长以轻快幽默的笔调来描写动植物的生活，在《森林报》中，作者采用报刊的形式，以春、夏、秋、冬的 12 个月为序，分层别类地报道森林的新闻，本书是《森林报》的分册《秋》，记载了森林里秋天的新闻事件，其中有森林中的大事记，也有集体农庄及城市的新闻报道，内容丰富，将动植物的生活表现得栩栩如生，引人入胜，堪称“大自然的百科全书”。

经典角色

田鼠

田鼠与其他老鼠相较，身体较结实，尾巴较短。田鼠多为地栖，短尾巴的田鼠会直接在柴垛里或粮堆下挖掘自己的洞穴。每天夜里，它们往自己的洞穴偷运粮食。田鼠的洞穴里有五六个通道，每个通道都有洞口，它们储藏了很多粮食，有些田鼠的洞穴里存粮甚至达到四五斤。

星鸦

我们这里的森林里，有一种很普通的灰色乌鸦，它的个头儿小一些，浑身布满斑点。我们把它们称作星鸦。

星鸦栖于松林，以松子为食，也埋藏其他坚果以备冬季食用。采集的松子和其他坚果都会被它们储藏在树洞里或树根下的窝里。最神奇的是每只星鸦都会吃其他星鸦的存粮。如果它们飞到一片陌生的小树林，第一件事就是去寻找其他星鸦的存粮。它们会检查所有树洞，最终总能找到食物。

冬天的大地都被白雪覆盖了，但是星鸦自有办法，它们会飞到灌木丛里，将灌木丛下的雪刨开，总能准确地找到其他星鸦们藏的松子。

貂

貂是哺乳动物，身体细长，四肢短健，种类很多。生活在寒冷地带，喜欢安静，多是独居，一年两次换毛，皮毛尤为珍贵。它的食物很多样，在森林里还追捕松鼠。松鼠沿着树干向上飞奔，貂就紧跟在它后面。松鼠的动作非常灵敏，但貂的动作更灵敏，轻而易举就能追上松鼠。

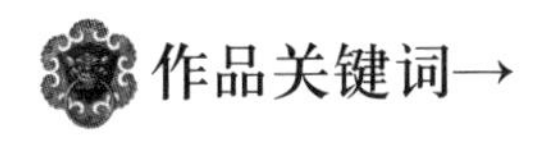

作品关键词→

· 妙趣横生的科普作品

科普作品以文字为载体，旨在用通俗的语言向大众普及科学知识。《森林报·秋》以动物学、植物学、物候学、地理学等科学知识为依托，具有相当的专业性，反映了俄罗斯地区的动植物在秋季的活动与变化，书中还提供了大量观察和研究自然的方法，并附录了许多有趣的科学问答题，堪称“大自然的百科全书”。

作为一部经典的科普著作，《森林报·秋》借助童话体裁，赋予动植物以人的情感与思维，这在一定程度上冲淡了科普著作本身的枯燥感，贴合了儿童的阅读趣味，生动地将动植物的活动栩栩如生地呈现了出来。童话常采用拟人的手法，具有语言通俗生动、故事情节离奇曲折、引人入胜等特点。而《森林报·秋》中的动植物大多都被“人格化”了，拥有自身的思维方式与情感。此外，书中也有大量充满想象力的故事，如为了争夺地盘而大打出手的雄麋鹿，惊险的情节扣人心弦，增强了科普著作的故事感。

· 新颖有趣的报刊形式

《森林报》采用报刊的形式，以一月一期的方式来编排新闻，作为一本书，它也有报刊所具备的新鲜、快捷、活泼、通俗的特质。而《森林报·秋》主要报道了秋季森林中的新闻。每期都会刊登编辑部的文章、驻林地记者的电报和信件，还有关于森林的故事，也有集体农庄和城市的新闻报道。此外，《森林报·秋》的栏目也非常丰富，如“天南地北无线电通报”专门刊发来自各地的报道，“公告栏”则向全体读者征聘优秀的、跟踪能力强的“火眼金睛”。每期故事的最后还设置了“打靶场”，刊登一些图文并茂的知识竞猜题，各种各样的问题不仅增强了趣味性，也能有效地检测小读者们的阅读效果，力图让他们对自然界有准确而客观的认识。通讯报道的形式与栏目便于事件的追踪，同时能让森林中的故事更有现场感，而征聘与游戏等栏目则增强了图书的趣味性与互动性，有利于培养小读者的动脑和动手能力。

·关爱自然的人文精神

作为一部科普作品，《森林报·秋》全书贯穿着尊重自然、热爱自然的人文精神。普通报纸上刊登的一般都是关于人类、关于城市的新闻，而关于森林、关于自然的报道较少。而《森林报·秋》则聚焦于森林中的故事，刊登了编辑部的文章、驻林地记者的电报和信件，还有关于打猎的故事。其中，驻林地记者会实地考察，将森林里发生的形形色色的趣闻记录下来，再寄给编辑部。

比安基将自己的人文精神倾注在对自然万物的书写中，在他的笔下，大自然的飞禽走兽、一草一木都洋溢着生机勃勃的力量，人与自然万物的关系也和谐而有序地进行着，体现着他尊重自然、敬畏自然、关爱自然的人文精神，这种精神也通过文字传递给小读者们，使他们学会主动观察自然，了解大自然的动植物，熟悉它们的生活习性，研究它们的生活，有利于小读者们从小开始培养尊重自然、热爱自然的精神，成为珍惜爱护大自然的真正主人。

作品三部曲

· 主题思想

《森林报 · 秋》全书以秋季月份为顺序，有层次、有类别地向我们真实生动地描绘出发生在森林里的新闻，其中既有森林趣事，也有农庄新闻、城市报道，以新鲜、活泼而又充满了生命力的语言，描绘了一个多姿多彩的大自然。这部科普作品在展示充满活力、充满乐趣的森林世界的同时，也让小读者们的心更加贴近自然，使小读者们学会思考当下的生态环境，思考人在自然中的位置，思考人与动物、人与植物、人与自然的关系，堪称增强环保意识和生态意识的课外读物。

· 写作特色

作为一部科普作品，《森林报 · 秋》读起来并不枯燥，这归因于比安基独特的创作手法。《森林报 · 秋》以报刊的形式来报道森林中的新闻，以新颖的形式来编排内容。此外，比安基还以幽默活泼、通俗生动的语言展示了以俄罗斯范围内的动植物为代表的多姿多彩的自然王国，书中多用拟人、比喻、对比等修辞手法来描写森林中的动植物，赋予它们与人类一样的喜怒哀乐的情感，用浪漫的手法编织了一个生动多彩的大自然。

· 作品影响

《森林报》作为闻名世界的科普作品，自 1927 年问世以来，在不到四十年的时间里已经再版过十次，并且被翻译成多国语言，在全世界都广受关注与好评。作为一部经典的儿童科普读物，《森林报》

以新颖的报刊形式、专业的科学知识、生动的语言表达、童话般的叙述风格受到小读者的喜爱，经久不衰。书中最具价值的部分之一便是作者将自然科学价值与人文价值结合起来，让小读者们学会思考人与自然的关系，集知识、趣味、美感与思想于一体。

经典语录

◎在微冷又清新的空气里，不管是颜色各异的树叶，还是被露水和蜘蛛网映照成银色的青草，或是呈现出夏日里从未有过的湛蓝色的小河，都变得那么华美、惬意、赏心悦目。

◎现在的森林里是一幅萧瑟的景象——树木光秃秃的，空气湿漉漉的，到处都是一股烂树叶的味道。唯一能让人得到抚慰的是遍布森林的一种蘑菇——洋口蘑，它们有的一簇簇地生长在树墩上，有的长在树干上，还有的散布在地面上，仿佛是离群索居的异类。

◎秋风骤起，把白桦、山杨和花楸树上发黄、发红的叶子扯落下来。落叶松的针叶变成金黄色，柔软的针叶变得粗硬。每天晚上，长着胡子的雄松鸡都会飞到落叶松枝上来，这些浑身乌黑的鸟儿蹲在柔和的金黄色针叶间啄食松果。

◎金黄色的蒲公英和樱草将小脑袋伸出草丛。蝴蝶在空中飞舞着，蚊虫聚集着在空中盘旋，像一丛丛飘浮在空中的轻飘飘的小柱子。一只小巧玲珑的鸟儿不知从哪里冒了出来，翘着尾巴唱起了歌，歌声激扬而又嘹亮！

阅读拓展

比安基从小就向往大自然，成年后他勇敢地踏进大自然深处，仔细观察，坚持记录所看到的动物和植物。凭着他这股毅力和对森林的好奇心，才有了《森林报》。

对大自然感兴趣的你，除了《森林报》，还可以阅读法布尔的《昆虫记》，昆虫学家法布尔与比安基一样，从小对大自然有着极大的兴趣，他用了30年来完成《昆虫记》。《昆虫记》被誉为“昆虫的史诗”，这本书对多种昆虫的特征、习性、本能和种类进行了生动详尽的描写，是一本严谨且精彩的观察手记。

森林报　第七期

秋一月：候鸟离乡月

9 月 21 日—10 月 20 日　太阳进入天秤座

导读

大家还记得森林里的春天吗？春天需要我们低头观察，小草的嫩芽钻出了土地，河面上的冰也悄悄融化。可秋天和春天恰恰相反，它需要抬头观察。当天空变得空旷又寂寥，当树梢的树叶开始变黄、变红，当候鸟开始往南飞，秋天就来了。

一年——分 12 个月谱写的太阳诗篇

整个 9 月天空都阴郁着面孔，秋风呼啸，秋季的第一个月开始了。

秋天和春天一样，有一套自己的日程表，只不过，它的日程表跟春天正好相反，秋天是从上而下变化的。树梢的树叶逐渐开始变黄、变红，叶子得不到充足的日照，很快开始枯萎，失去了碧绿的颜色。在叶柄与树枝连接的地方，出现了一个衰老的圆环。即使在无风的日子里，树叶也会自行掉落，这里掉落一片黄色的白桦树叶，那里掉落一片红色的山杨树叶，纷纷扬扬却又悄无声息。

清晨，你从睡梦中醒来，发现青草上结了白霜。你在日记里写了一句："秋天开始了！"从今天起，准确地讲应该是从昨夜起，秋天就开始了，因为白霜总是在黎明前降临。

枝头飘落的枯叶越来越多了，直至最后，秋风大作，将夏日森林的盛装席卷而去。雨燕消失了踪影，家燕和那些在我们这儿度过夏天的其他候鸟，趁着月色，成群结队地陆续启程，它们悄无声息地飞向遥远的地方。天空变得空旷而又寂寥。河水变得越来越冰凉——人们已经不想再到河里洗澡了……

然而，突然之间，像是火热的夏天恋恋难舍似的——凭空又多出几个晴朗的好天气。一根根细细长长的蜘蛛丝，在宁静的天空中飘摇着，泛着银光……田野重新泛起莹莹碧绿。

“夏天这个老太婆又回来啦！”村子里的人笑逐颜开，欣赏着生机勃勃的秋播作物。

森林居民们都开始为漫长的冬季做准备了。正在孕育着的生命都被妥善地安置起来，温暖而妥帖，它们静静地等待着明年春天的到来。

只有一群兔妈妈怎么也静不下心来，它们还是不愿承认夏天已经过去了，于是又生了一窝小兔崽，这窝小兔崽就是人们常说的“落叶兔”。

这时，土地上长出一些细柄的食用蕈。夏天终究还是过去了，候鸟离乡月到来了。

如同春天一样，我们编辑部收到了来自森林的电报：每天都有新闻发生，每天都有大事发生。像候鸟回乡月那样，鸟儿们又开始大搬家，只不过这一次正好相反，这一次它们是从北方搬往南方。

秋天就这样正式拉开了帷幕。

林区的第四份电报

所有穿着靓丽衣装的鸟儿都消失了。我们没有看见它们是怎么踏上征程的，因为它们是夜间飞走的。它们宁愿在夜间飞行，因为这样比较安全。在黑暗中，那些从林子里飞出来、在它们飞经的路上守候的隼、鹞鹰和其他猛禽不会去惊动它们。而候鸟在黑夜里也能找到通往南方的路径。

在遥远的海上，成群结队的水鸟——鸭子、潜鸭、大雁、鹬出现了。长翅膀的旅行者仍然在春季逗留过的地方小做停留。

森林里的树叶正在变黄。一只雌兔又生下了六只小兔。这是今年它生下的最后一窝小兔——秋兔。

在海湾长满水藻的岸滩上，不知是谁留下了一个个十字形印记。整个藻滩上布满一个个小十字和小点儿。我们在海湾的岸上给自己搭了一个小窝棚，想窥探究竟，看到底是谁在淘气。

林中大事记

导读

秋天悄悄地到来了，候鸟又要开始搬家，矶凫和潜鸭也开始了漫长的海上跋涉。银色的蜘蛛网会出现在森林里，神秘的“秋老虎”也会影响气温。阅读下面的故事，看看秋天这位神奇的魔法师，还带来了哪些不一样的变化。

离别之歌

白桦树上的树叶已经十分稀疏。被主人们丢弃了许久的椋鸟窝，在光秃秃的树干上孤单地摇晃着。

忽然，两只椋鸟飞了过来。雌椋鸟钻到窝里，有模有样地忙活起来。雄椋鸟则落在枝头，它停留片刻后，不时地向四面张望着，继而唱起歌来！它的歌声很轻，像是只唱给自己听的。

等雄椋鸟一曲唱毕，雌椋鸟从窝里飞了出来，急匆匆地朝着鸟群飞去，雄椋鸟紧跟其后，也朝着鸟群飞去。它们该出远门了——要么今天，要么明天，它们就要离开这里了。

今年夏天，它们在这个椋鸟窝里孵了几只小椋鸟，现在它们是来跟自己的小房子告别的。

它们不会忘记这个小房子，明年春天它们还会回来居住。

琉璃般的晨光

9 月 15 日，“秋老虎”[1]肆虐。我像往常一样，一大早就去花园里了。

我走到外面一看，高阔的天空不见一朵云。空气中带着一丝凉意，乔木、灌木和青草丛里，挂满了细小的银色

[1]“秋老虎”：在气象学上是指三伏出伏以后的短期回温现象，一般气温达到 35℃以上。天气特征是早晚清凉，午后高温暴晒。

蜘蛛网。

一只小蜘蛛在两株云杉幼苗之间结了一张银色的网。这张网被寒露浸染，像是琉璃做成的，仿佛一碰就会碎落，发出丁零当啷的声响。小蜘蛛蜷缩成一个小小的球，僵硬地趴在网上，一动不动。[1]这会儿，苍蝇还没出来活动，小蜘蛛正好借机睡会儿觉，只是它看上去像是冻僵了。

我用手指头小心翼翼地触碰了它一下。小蜘蛛毫无反应，竟然像一粒小石子儿般跌落到草丛里了。我看见它刚一落地，立刻跳起来，拔脚飞奔，转眼就不见了踪影。它可真会演戏！

它还会回到这张网上吗？它还能找到这张网吗？它会重新织一张网吗？重新织一张网得花费多少心血呀——东跑西跑，来来回回，打结子、绕圈，说不清要辛苦奔波多少趟！

小露珠在纤细的草尖上滚动着，像一颗垂挂在眼睫毛上的泪珠，在晨曦中闪烁着，发出耀眼的光，喜气洋洋又充满希望。

路旁还有最后几株野菊花，它们都耷拉着那白裙似的花瓣，期待着温暖的阳光能给它们带来一丝暖意。

---

[1] 本书部分经典情节配有插图（正文前）。此段见插图一。

在微冷又清新的空气里，不管是颜色各异的树叶，还是被露水和蜘蛛网映照成银色的青草，或是呈现出夏日里从未有过的湛蓝色的小河，都变得那么华美、惬意、赏心悦目。[1] 我目之所及最煞风景的是一棵光秃秃的蒲公英和一只湿漉漉的灰蛾。蒲公英头上仅存的冠毛粘在一起，周身残破不堪。灰蛾的脑袋伤痕累累，大约是被鸟儿啄伤的。回想今年夏天，蒲公英的头上曾承载着成千上万顶小降落伞！那时的它多么神气呀！夏天里的灰蛾也和现在不一样，它也曾是毛茸茸、身体胖嘟嘟，神清气爽的样子！

我很同情它们，我把灰蛾放在蒲公英上，将它捧在手里，让已升到森林上空的太阳晒一晒它们。蒲公英和灰蛾浑身上下都是冰冷潮湿的，灰蛾一副苟延残喘的样子。终于，在阳光的温暖下，它渐渐苏醒了。蒲公英头上仅存的冠毛被晒干了，恢复了原本的白色，变得轻飘飘的；灰蛾的翅膀舒展开了，露出原本的青灰色。这两个可怜的、残缺的小东西变得美丽了。

一只黑琴鸡在森林的角落里发出叽里咕噜的声音。

我朝灌木丛走去，想悄悄欣赏它曾在春天里展示过的翩翩舞姿和袅袅歌声。

[1] 本书加“~~~~~”段落均为经典段落，建议细细品读。

可是，我刚走到灌木丛前，那只黑琴鸡就扑棱着翅膀，从我的脚边疾飞而去，巨大的声响吓得我打了个哆嗦。

原来它就在我旁边。我还以为它离我有一段距离呢！

这时，远方传来一阵吹喇叭似的鹤鸣声——一群鹤从森林上空飞了过去。

它们也离我们而去了……

——驻林地记者　维利卡

最后一批浆果

沼泽地上的蔓越莓成熟了。它们生长在泥炭上的草墩里，红色的浆果直接躺在青苔上，距离很远都能看见，只是看不见它们长在什么植物的茎上。走近点儿才能发现，在垫子般的青苔上长着一些绒线一样的细茎，细茎两旁长着一些硬挺挺的叶子。

这就是今年最后一批浆果，它们的色彩给灰暗的沼泽增添了不少活力。

——尼·巴甫洛娃

游泳旅行

地上还存留着一些垂头丧气、濒死挣扎的青草。

此时，有着“飞毛腿”称号的秧鸡已经踏上了遥远的旅程。

矶凫和潜鸭也开始了漫长的海上跋涉。它们很少在天上飞，大部分时间都在水里游泳。当它们感到饥饿的时候，会潜入水中捉鱼吃。就这样，它们一路游过了湖泊和水湾，朝着目的地前进。

矶凫和潜鸭游泳时比野鸭灵活多了。野鸭往往先在水面上微微抬起身子，然后一个猛子钻到水里。矶凫和潜鸭只需低下头，用船桨似的脚蹼用力一划，就能钻入深水中了。矶凫和潜鸭在水底来去自如，没有猛禽能进入水底追逐它们。它们游泳的速度极快，甚至和鱼儿的速度不相上下。

不过它们的飞行速度与那些擅长飞行的猛禽相比就逊色多了。因此，它们才不选择在空中飞行，只要有水的地方，它们就会选择游泳跋涉。

“森林勇士”的决斗

傍晚时分，森林里传出一阵阵短促、喑哑的嘶吼。“森林勇士”——长有犄角的高大雄麋鹿，从森林深处慢慢踱步而出，并用腹鸣般的浑厚嘶吼向对手示威。

两只“森林勇士”在森林深处的空地上相遇了。它们用蹄子奋力刨着地，挑衅般地摇晃着沉重如铁的犄角，眼睛里布满了红血丝。它们压低头上那对大犄角，怒睁双目，厮打起来。它们的大犄角碰撞着，发出吱吱嘎嘎的劈裂声。它们用健硕的身躯猛烈地互相撞击，用尽力气企图折断对方的大犄角。

两只雄麋鹿正奋力厮杀，一会儿被彼此推开，一会儿又扭打在一起。它们挺立身躯，绷直后腿，用犄角一下又一下地猛烈撞击着。

沉重的犄角每一次相撞，都在森林里激起震耳欲聋的回响。雄麋鹿还有个名字叫作“犁角兽”，正是因为它们这对宽大沉重的、如同铁犁头一般的犄角。

直到其中一只雄麋鹿被打败，这场战斗才会结束。如果落败的雄麋鹿运气好，能及时从战场上逃走；如果运气差，则会被恐怖的大犄角撞伤，歪着被扭断的脖子倒在血泊中，等待着被胜利的雄麋鹿用蹄子碾踏。

这时，浑厚的嘶吼声响彻森林，这是获胜的雄麋鹿在吹响胜利的“号角”。

森林深处，有一只雌麋鹿正等待着获胜者。获胜的雄麋鹿会成为这片森林的主人，它不允许其他雄麋鹿到它的领地上来，就连未成年的小麋鹿都不行。入侵者一旦被看见，就会被它驱逐出去。

浑厚的嘶吼声再次响起，雷鸣般震荡在森林深处。

候鸟离乡

每个昼夜，都有一批挥舞着翅膀的旅客踏上旅程。它们从容不迫地慢慢向前飞，途中停歇的次数很多，停留的时间也很长，看得出来，它们非常不情愿离开这里！

飞行的次序也与春天返乡时大相径庭：色彩艳丽、五彩斑斓的鸟儿最先出发；而春天时最先飞来的燕雀、百灵鸟、鸥鸟则最后出发。一些鸟群的迁徙是由年轻的鸟儿打头阵，而燕雀是由雌鸟打头阵。大部分鸟群都会在途中休息，因为旅途实在是太遥远了。

大多数鸟儿直接飞往南边的法国、意大利、西班牙、地中海沿岸各国和非洲；有些鸟儿则向东飞：经过乌拉尔、西伯利亚，飞往印度，有的鸟儿甚至能飞到北美洲。它们要飞数千公里的旅程，不休息怎么行呢？

等待帮手

乔木、灌木和各类小草，都在忙着安顿后代。

槭树枝上垂挂着一颗颗翅果。翅果的果壳已经裂开，只等风把它们吹落、传散出去。

小草也在等待秋风，帘子似的蓟草茎上顶着干燥的头状花，花蕊里露出一串串华丽的、蚕丝般的灰色茸毛；香蒲的茎长得比沼泽地里的野草还要高，它的顶梢穿着一件褐色的“小皮袄”；山柳菊的梢头有毛茸茸的小球，秋风一吹，小球中的飞絮就会随风飘散。

还有许多其他种类的小草，草茎上长着细毛——有长的，有短的，有须状的，还有羽毛状的。

那些长在田里和道路旁、沟渠旁的植物，等待的不是秋风，而是经过的动物和行人。这些植物包括牛蒡、金盏花和猪殃殃等。牛蒡带刺的干燥花盘里装着有棱角的种子；金盏花三角形的黑色果实喜欢扎进行人的袜子；猪殃殃带着钩刺的小圆果实则喜欢钩住行人的衣衫，除非用毛绒刷来清除，否则很难除去它们。

——尼·巴甫洛娃

秋天的蘑菇

现在的森林里是一幅萧瑟的景象——树木光秃秃的，空气湿漉漉的，到处都是一股烂树叶的味道。唯一能让人得到抚慰的是遍布森林的一种蘑菇——洋口蘑，它们有的一簇簇地生长在树墩上，有的长在树干上，还有的散布在地面上，仿佛是离群索居的异类。

它们看上去就令人愉悦，采起来更让人畅快，几分钟就能采满一小篮子的洋口蘑。

小洋口蘑漂亮极了——它们的帽子没有裂开，依然紧绷着，像孩子头上戴的无边小帽子，脖子上围着一条白色的小围巾。再过几天，帽子边就会翘起来，变成一顶真正的大帽子，小围巾也会变成一条大围巾。

小帽顶上全是烟丝般的小鳞片。它是什么颜色的？这很难形容，这是一种令人看了感到舒适的淡褐色。小洋口蘑的小帽下的褶皱是白色的，老洋口蘑的则是浅黄色的。

你发现没有，当你把老洋口蘑放到小洋口蘑上的时候，小洋口蘑上就像敷了一层粉似的。你可能会觉得小洋口蘑发霉了。但你随即便会想到，这是孢子[1]。没错，这是老洋口蘑撒下来的孢子。

如果你想吃洋口蘑，你必须要熟知它们的一切特征。市场上，人们时常会把毒蘑菇错认为洋口蘑。有些毒蘑菇和洋口蘑长得很像，也长在树墩上。不过，这些毒蘑菇的小帽子下没有围巾，小帽子上也没有鳞片，毒蘑菇的颜色十分鲜艳，有黄色的、粉红色的，帽下的褶皱是黄色的或淡绿色的，它们的孢子则是乌黑的。

——尼·巴甫洛娃

阅读感悟

候鸟的迁徙需要经过漫长的飞行，在途中，它们偶尔会停下来休息，恢复体力之后再继续向终点出发。在我们的学习生涯中，也要学会劳逸结合，休息是为了积蓄更多前进的能量，是为了下一次出发做准备。

[1] 孢子：无性生殖细胞。

林区的第五份电报

我们已经探明是什么动物在海湾岸滩上留下了一个个小十字和小点儿。

原来是鹬的杰作。

在水藻丛生的海湾岸滩上，有许多可以让它们美餐一顿的小菜馆。它们在此逗留歇脚，饱餐一顿。清晨，它们在松软的水藻上迈开长腿，留下了脚趾分得很开的爪痕，是十字形的。而小点儿则是它们把长长的喙戳进水藻里留下的，它们这样做是为了从中拖出某样活物来当作自己的早餐。

我们捉了一只整个夏季都住在我家屋顶上的白鹳，它脚上套着一个轻金属（铝制）脚环。在脚环上打着这样的文字：莫斯科，鸟类学委员会，A，195 号。我们看到脚环就把白鹳放了，让它戴着脚环飞行。如果有人在它的越冬地抓到它，我们就能从报上得知我们的白鹳过冬的住处在何处了。

林中的树叶已经完全变色，开始掉落。

——本报特派记者

都市新闻

导读

在候鸟离乡月，都市里的广场上总能看到游隼袭击鸽子。这时，气温逐渐下降，候鸟迁徙，都市里的动物们又会遭遇什么困难呢？一到晚上，院子里的飞禽为什么都开始乱叫呢？请继续阅读下面的故事吧！

野蛮的袭击

在列宁格勒的伊萨基耶夫斯基广场上，光天化日之下，行人们目睹了一次野蛮的袭击事件。

一群鸽子从广场飞起，这时，一只巨大的游隼突然从天空中俯冲下来，向鸽群中最靠边的那只鸽子猛扑过去。

顿时，空中腾起一大堆羽毛。

行人们眼睁睁地看着这只游隼用爪子衔住那只被击倒的鸽子，奋力飞走了。其他鸽子则飞逃到广场旁边的一座高楼后面了。

我们的城市上空，是游隼们的必经之路。这些长着翅膀的强盗，喜欢驻扎在广场上空，常常会打起广场上的鸽子的主意，伺机袭击它们。

黑夜里的骚扰

最近，住在城郊的人们夜里经常会被嘈杂声吵醒。

人们总听到自家院子里有乱哄哄的声响，人们跳下床，循声朝着窗外望去，想看看究竟出什么事了。

自家院子里，家禽们都在大声地扑棱着翅膀，鹅在咯咯叫，鸭子在嘎嘎叫。难道是黄鼠狼来袭击它们了吗？或是狐狸钻进了院子？

可是，黄鼠狼和狐狸怎么能穿过石头围墙和铁门呢？

院子的主人们在院子里仔细巡视了一圈，接着又检查了家禽栏，一切正常，什么也没发现。怎么可能会有野兽能偷偷地钻进这固若金汤的院子里来呢？会不会是家禽们做噩梦了？此时，它们已经安静下来了。

主人们回到床上继续睡觉了。

但是，一小时后，院子里又是一阵鸡飞狗跳，吵闹声再次传来。院子里又出什么事了？

请你打开窗子，躲在一旁静静聆听吧！黑漆漆的天空上，繁星点点，万籁俱寂。不一会儿，一道道模糊的黑影从天上一个接一个掠过，把点点繁星都遮蔽了起来。与此同时，一阵轻轻的、断断续续的叫声响起，在高高的夜空中回荡着。

院子里的家禽都被惊醒了，这些家禽早已被人类驯化，但此时它们却仿佛听到了野性的呼唤，心中腾起了无法言明的冲动。它们或扇动翅膀，努力蹿向天空；或踮起脚掌，伸长脖子，不住地叫着，叫声里充满了无限苦闷和悲凉。

它们那些依然拥有自由的同类们，在黑暗的高空里，用召唤声回应着它们。一群又一群长着翅膀的候鸟，正从房顶上飞过。野鸭们扑棱着翅膀，发出声响。大雁和雪雁则用喉音低语："嘎！跟我们一起上路吧！跟我们一起上路吧！离开寒冷！离开饥饿！跟我们走吧！"

候鸟响亮的声音渐行渐远，而那些早已失去飞行能力的家禽，只能在院子里胡乱叫嚷着。

山　鼠

我们挑选土豆的时候，突然听到我们的牲畜棚里传来小动物窸窸窣窣的钻动声。接着，一只狗跑了过来，它蹲在附近用鼻子嗅闻着。可那小动物还在窸窸窣窣地钻着。狗便开始刨地，一边刨，一边汪汪地叫着。狗挖了一个小坑，小动物的头便露了出来。紧接着，狗又把坑挖得更深了一些，小动物便被拖了出来。小动物不甘示弱，直冲着狗扑咬过去。狗将小动物抛向空中，大声狂吠。小动物的个头儿跟小猫差不多，毛是灰蓝色的，带一点儿黄色、黑色、白色。我们这儿将这种小动物叫作山鼠。

顾此失彼

9 月，我和几个同学一起去森林里采蘑菇。我们一进森林，就吓跑了四只短脖子灰榛鸡。

接着，我看到了一条死蛇。这条蛇已经风干了，挂在树墩上。树墩上有个小洞，小洞里面传出“咝咝”的叫声。我想这个小洞一定是个蛇洞，就赶快逃离了这个可怕的地方。

后来，我走进了沼泽地，看到了前所未见的景象——七只鹤从沼泽地里飞了起来，它们的外表像七只大雁。这之前，我只在课本的插图里见过鹤。

同学们都采了满满一篮子蘑菇，只有我在森林里东跑西跑，光顾着听鸟儿们的啼鸣了，没有认真采蘑菇。

回家的路上，我看见一只灰兔子，它的脖子和后脚都是白色的。

路过那个有蛇洞的树墩时，我绕开了。我还看见许多大雁咯咯叫唤着，飞过了村庄。

——驻林地记者　别茨美内依

喜　鹊

春天，村子里几个顽皮的孩子捣毁了一个喜鹊窝。我从他们手里买下一只小喜鹊。我只用了一天的时间，就把小喜鹊驯化了。第二天，它已经敢落在我的掌心吃东西、喝水了。我给这只喜鹊起了个名字叫“小机灵”。它听惯了这个称呼，我一叫，它就会回应。

小喜鹊羽翼渐丰后，总喜欢飞到门框上，停驻在那里。我在门对面的厨房里，摆了一张桌子，桌子里有一个盛着食物的抽屉。有时候，我刚拉开抽屉，小喜鹊就从门框上直飞下来，钻到抽屉里去，啄食里面的东西。我想把它拖出来，它就吵闹着不肯出来！

我去打水的时候，冲着喜鹊喊：“‘小机灵’，跟我来！”

它就落在我的肩头，跟着我一起走了。[1]

我吃早餐时，它总是带头张罗着，又是抓糖，又是抓甜面包，有时还会把爪子直接伸到热腾腾的牛奶里。

最有意思的是我在菜园里给胡萝卜地除杂草的时候，“小机灵”先是蹲在菜园的地上看我在干什么，接着学我的样子去拔地里的杂草，把一根根绿茎拽出来，然后堆成一堆。它在帮我干活儿呢！

不过，它不会区分杂草和胡萝卜苗，常常把杂草和胡萝卜苗一起拔起来了。真是一个帮倒忙的助手！

——驻林地记者　薇拉·米赫伊娃

[1] 见插图二。

各自躲藏

天冷起来了，炎热的夏天过去了……

动物们的血液像被冻凝固了一般，动作变得迟缓了，还老是打瞌睡。

有尾巴的蝾螈整个夏天都待在池塘里，没有离开过池塘。现在它慢慢地爬上岸，去树林里了。它找到一个腐烂的树墩，钻到树皮下蜷缩成一团。青蛙却与之相反，它从岸上跳进池塘里，一沉到底，钻到水底的淤泥里了。蛇和蜥蜴躲到树根下了，它们将身子埋在温暖的青苔里。鱼儿成群结队地挤在河流深处和水底的深坑里。蝴蝶、苍蝇、蚊子、甲虫等，钻到树皮和墙壁的裂缝中。蚂蚁将出入蚁穴的通道全部封锁起来，它们爬到蚁穴最深处，彼此挨得紧紧的，一动不动。

挨饿的时候到了！

飞禽走兽这样的热血动物倒是不怎么怕冷，只要吃饱肚子，身子就能维持温度，像生起了温暖的火炉。只是寒冬将至，食物越来越难找了，它们难免要挨饿了。

蝴蝶、苍蝇、蚊子都躲藏了起来，蝙蝠自然也就找不到食物了。所以它们也只好躲到树洞、石穴或岩缝里，用后脚爪抓在一个固定的地方，头朝下倒挂着。它们用翅膀裹住自己的身体，像披了一件斗篷，就这样开始睡觉。

青蛙、癞蛤蟆、蜥蜴、蛇和蜗牛，全都躲藏起来。刺猬藏在树根下的草丛里。獾也不怎么出洞了。

阅读感悟

在《喜鹊》这个故事里，我们读到了可爱的“小机灵”喜鹊因为顽皮的孩子捣乱而失去了自己的鸟窝，转而被“我”收养的故事。“我”悉心照顾喜鹊，给它喂食。最后，喜鹊帮助“我”去菜园里拔杂草，陪伴在“我”身边。所以，动物是人类的好朋友，只要我们不伤害它们，善待它们，它们也会帮助我们。

林区的第六份电报

早晨，寒冷已经降临。

有些灌木丛的树叶已经掉落光了，仿佛被刀割了一般。雨水的重量使树叶从树上纷纷落下。

蝴蝶、苍蝇、甲虫都已各自藏身。

候鸟匆匆穿过小树林和幼林，因为它们已经食不果腹。只有鸫鸟没有抱怨饿肚子，它们正成群结队地扑向一串串成熟的花楸树的果实。

在落尽树叶的森林里，寒风正在呼啸。树木进入了深沉的睡梦，林中不再有如歌的鸟啼。

——本报特派记者

候鸟离乡记

导读

秋天一到，候鸟都在准备飞往温暖的地方，在它们迁徙的路上，也充满了惊险的故事。藏在桦树林里的猛禽，随时可能攻击朱雀；一路尾随野鸭的游隼，也在伺机而动。迁徙的候鸟能安全到达目的地吗？请阅读下面的故事！

从高空俯瞰

从高空俯瞰我们这广阔无垠的祖国秋景，是多么美妙！秋天，乘坐热气球飞上高空，那里比森林里的大树还要高得多，甚至比流动的白云还要高——距离地面大概有30公里！即使飞到那么高的地方，也不能把我们的领土一览无余。不过，只要天空是晴朗的，就没有云朵能将大地遮蔽，我们的视野是非常开阔的。

从那么高的地方俯视大地，会觉得整个大地都在移动。事实上，这只是一些东西在森林、草原、山丘和海洋的上空移动给我们造成的错觉。

这些东西就是鸟儿，不计其数的鸟儿。我们这里的鸟儿正离开故乡，往过冬的地方飞去。

当然，也有一些鸟儿留了下来——麻雀、鸽子、寒鸦、灰雀、黄雀、山雀、啄木鸟等很多种鸟儿，都留了下来。老鹰和大猫头鹰也留下了，而其他在冬天里无所事事的猛禽基本上都飞走了。迁徙的候鸟从夏末就开始动身——最先启程的是春天最晚归来的那批。它们的迁徙之旅会持续整个秋天，直到河面结冰为止。最后离开这里的，是春天最先归来的秃鼻乌鸦、云雀、椋鸟、野鸭和鸥鸟等。

各奔东西

你们是不是以为所有鸟儿都从北往南飞？其实不是的。

并不是所有的鸟儿都从北方飞往南方过冬。有些鸟儿是从东向西飞的。有些鸟儿则与它们相反，是从西向东飞的。我们这里还有一些鸟，它们竟然会飞到北方去过冬！而且，不同的鸟儿出发的时间也不尽相同。为了安全，大多数鸟儿选择在夜里飞行。

我们的特约通讯员，有的给我们发来了无线电报，有的用无线电广播为我们报道——什么鸟往哪儿飞；它们在旅途中的身体状况如何。

从西往东飞的鸟儿

“嘁，咦！嘁，咦！”朱雀是用这种声音与鸟群交谈的。早在 8 月的时候，朱雀就从波罗的海边和列宁格勒开始了它们的旅程。它们从容不迫地飞着，路上到处有食物，有什么好忧心的呢？它们不用着急赶回故乡去筑巢、养育雏鸟！

我们曾看见它们飞过伏尔加河、乌拉尔山脉的一座山岭，现在又看见它们飞越西伯利亚西部的草原。它们日复一日地向东飞，向日出的方向飞。它们从西伯利亚西部的草原上空飞过，掠过一片又一片桦树林。

朱雀选择夜间飞行，白天休息、进食，是为了躲避它们的天敌——猛禽。虽然朱雀结队飞行，而且队伍里的每只朱雀都会小心地观察周围，时刻提高警惕，但是祸事还是时常发生。只要朱雀稍有不慎，就会被老鹰叼走。西伯利亚的雀鹰、燕隼、灰背隼等猛禽数量实在太多了，而且它们飞行速度很快。不知有多少只朱雀飞过桦树林的时候，会在这些猛禽的利爪下殒命！

朱雀在西伯利亚拐弯，飞向阿尔泰山脉和蒙古沙漠，飞去炎热的印度过冬。在这趟艰难的旅程中，不知有多少可怜的朱雀要丧命啊！

Ф–197 357 号铝制脚环的故事

我们这里有一位青年科学家，在一只腰肢纤细的北极燕鸥幼鸟脚上套上一只轻巧的铝环，编号为 Ф–197 357。事件发生在 1955 年 7 月 5 日，地点是北极圈外白海边上的坎达拉克沙禁猎区。

同年 7 月底，雏鸟刚学会飞行，北极燕鸥就成群结队地开始了它们的冬季迁徙。它们先是往北飞，飞抵白海海域，再往西飞，沿着科拉半岛北岸飞，随后往南飞越波罗的海，沿着挪威、英国、葡萄牙和非洲的海岸飞。接着，它们绕过好望角，向东飞，由大西洋向印度洋飞，直到南极才停下。

1956 年 5 月 16 日，一位澳大利亚科学家在大洋洲西岸的弗里曼特尔城附近，捉住了这只戴 Ф-197 357 号脚环的北极燕鸥。坎达拉克沙禁猎区与这里的直线距离是 24000 公里。

这只北极燕鸥的标本和脚环，由澳大利亚珀斯市动物园的陈列馆收藏。

从东往西飞的鸟儿

每年夏天，奥涅加湖上都会孵化出一大群乌云般的野鸭和白云般的鸥鸟。秋天到来时，这些“乌云”和“白云”就会向西，向着日落的方向飞去。它们去越冬了，让我们乘着飞机跟随它们吧！

你们听见一阵刺耳的呼啸声了吗？紧接着是水花四溅

的声音、扑棱翅膀的声音、野鸭震耳欲聋号叫声、鸥鸟的嘶鸣声……

这些野鸭和鸥鸟本来计划在森林中的湖泊里小憩的，谁知这时遇到一只游隼的袭击。这只游隼挥动着尖刀般的利爪，发出一阵尖厉的呼啸，像牧民甩动长鞭时发出的声响，它从飞行的野鸭后背上一闪而过，抓伤了其中一只野鸭。这只野鸭的长脖子像辫子似的耷拉了下来，在跌落湖水之前，它被动作迅疾的游隼一把捞了过来。游隼用钢刃般的嘴喙，朝野鸭的后脑一啄，享用起了这顿美味的午餐。

这只游隼是野鸭的天敌。从奥涅加湖开始，它就与野鸭群一块儿起飞，尾随着它们飞过了列宁格勒、芬兰湾、拉脱维亚等地。游隼肚子不饿的时候，就在岩石上或树上蹲着，漠不关心地望着在水面上飞翔的鸥鸟和头朝下翻跟头的野鸭，望着它们再次从水面上升起，成群结队地继续西行，朝着太阳的方向往波罗的海飞行。等到游隼肚子饿了，就会立刻飞进野鸭群，从中逮一只野鸭来充饥。

饱餐后，游隼会继续一路尾随，跟着野鸭群沿波罗的海、北海的海岸飞行，飞到不列颠岛。抵达不列颠岛后，这只游隼就不再继续纠缠野鸭了。野鸭和鸥鸟就留在那里过冬了。如果游隼愿意，就会尾随其他野鸭群往南飞，经过法国、意大利，飞越地中海，最后到达炎热的非洲。

一路向北，飞往长夜漫漫的地方

多毛绵鸭身上轻薄暖和的鸭绒是我们做冬衣的好材料。它们在白海边上的坎达拉克沙禁猎区平安地孵出了幼鸟。那个禁猎区多年以来一直在进行着保护绵鸭的工作。大学生和科学工作者们给绵鸭戴上有编号的脚环，这是为了搞清楚这些鸟儿从禁猎区飞到哪儿去过冬，还为了搞清楚有多少绵鸭能重返禁猎区。

现在已经查清，绵鸭从禁猎区起飞后，差不多是一路向北飞往长夜漫漫的北方，飞到有格陵兰海豹和白鲸的北冰洋。

再过不久，整个白海就要被厚厚的一层冰覆盖了。冬天一到，绵鸭在白海里找不到东西吃，但在北冰洋就好了，那里的水面常年不结冰，海豹和巨大的白鲸都能在那里捉到鱼吃。

绵鸭去岩石和水藻上啄食水里的软体动物，这些鸟儿只要能吃饱就心满意足了。它们不怕酷寒的天气，不怕四周是一片汪洋，不怕漫长的黑夜。它们有御寒的冬大衣，那就是它们身上暖和的绒毛！更何况空中还常会出现北极光，有月亮，也有星星。尽管太阳一连几个月都不从海洋里探出头来，那又有什么关系呢？反正野鸭在北极很舒服，不愁吃喝，可以自由自在地度过漫长的冬夜。

林间大战（续前）

我们《森林报》的通讯员找到一块林间大战的旧战场，此时，树木之间的战争已经结束了。

那个旧战场就是通讯员们最初观察的云杉王国。

关于这场残酷战争的最终情况，他们得到这样的结论——虽然大批云杉在与白桦、山杨的战斗中死去，但最终还是云杉获胜了。

云杉比它的敌人年轻。白桦和山杨的寿命比云杉短，它们都年老体衰了，无法再像云杉那样快速生长了。云杉的个头儿比它们高，它用自己那可怕的毛茸茸的大手掌狠狠按住敌人的头，挡住阳光，于是这两种天生喜爱阳光的树就渐渐地枯萎了。

云杉不停地生长，树荫越来越大，树下的地窖也随之越来越深邃，越来越黑暗。地窖里滋长着许多凶神恶煞的苔藓、地衣和小蠹虫等，在等待着战败者，战败者将沦为它们的美餐。

自从那片茂密阴郁的老云杉林被人们砍伐一空，百年须臾而过。而抢占那片空地的林间大战，也同样持续了百年。现在，那片空地上又耸立着同样茂密的老云杉林。

在这片老云杉林里，听不见鸟儿的歌声，也听不见小野兽的欢声笑语，甚至连各种各样偶然生出的绿色小植物也会逐渐枯萎，接着很快就死在阴森的云杉国度里。

每年冬天，林间都会休战一段时间。树木们都入睡了，它们睡得比洞里的熊还要沉，就像死去了一般。它们体内的树液不再流动，它们不再进食，也不再生长，只是昏昏沉沉地睡着。

侧耳倾听，这是个万籁俱寂的世界。

凝目四望，这是个结束战斗的战场。

我们的通讯员得到这样的消息：今年冬天，这片云杉将被砍伐——按照计划，人们将要来这里采伐木材。

明年，这里又将变成一块新的空地。林间大战又要拉开帷幕了。

不过，这一次，我们不会再放任云杉获胜了。我们将干预这场惨烈无比的战争，把这里先前从未有过的新的树种移植过来。我们会密切关注它们的生长，必要的时候，我们会修剪树木的枝条，让和煦的阳光有机会照射进来。

到那时，我们一年四季都能听到鸟儿在这里欢快地歌唱。

农庄纪事

导读

秋天是丰收的季节，农庄的庄员们已经把庄稼收割完毕，并且在收割后进行了新一轮的播种。小学生们还来到了菜园，帮忙农庄的庄员们干活儿。小学生们看到了比自己脑袋还要大的芜菁，看到了大胡萝卜，认识了很多蔬菜。

今年是个丰收年，庄稼已经收割完毕，田野上空荡荡的。集体农庄的庄员们吃上了新粮制成的馅饼和面包。

峡谷和梯田上的亚麻经受了整年的风吹、日晒和雨淋，现在是时候把它们收集起来，运到打谷场上揉搓去皮了。

孩子们已经开学一个月了。现在田里已经没有什么需要他们参加的劳动了。庄员们挖掘完的土豆要运到车站去，或者放在干燥的沙坑里储藏起来。

庄员们从菜园里运走最后一批卷心菜，菜园里也变得空荡荡的。

秋播的庄稼泛起绿油油的小苗，这是庄员们收割后准备的新礼物。

灰山鹑出现在麦田里，它们已经不是一家一户散居在麦田里了，而是聚集起来，一群灰山鹑有一百只左右呢！

捕猎灰山鹑的季节就要结束了。

沟壑的征服者

我们的田地里出现了一些沟壑。这些沟壑越来越大，快要侵占到集体农庄的田地了。大家都很着急，少先队员们也跟着我们忧心忡忡。一次，少先队员们专门开会讨论该如何妥善解决这件事，阻止这些沟壑继续扩大。

我们都知道，围着沟壑边种树是个好方法。树根可以牢牢固定住土壤，如此一来就能加固沟壑的斜坡。

少先队员们是在春天开的会，此时已是秋天了。现在，我们这里的苗圃里已经种植了成千上百棵树苗——山杨树苗、藤蔓灌木幼苗和槐树苗。我们已经开始把这些树苗移植到田地里了。

过几年，乔木和灌木就能征服沟壑的斜坡。

——少先队大队委员会主席　柯里雅·阿加法洛夫

采集种子

9月，很多乔木和灌木结的种子和果实都成熟了。这时的当务之急，就是多多地采集种子，以便将来把种子种在苗圃里、河渠边、池塘边。

想要大量采摘乔木和灌木种子，最好在它们完全成熟前，或在它们刚刚成熟时，就迅速采摘。特别是尖叶槭树、橡树和西伯利亚落叶松的种子，一定要及时采摘。

9月，可以采摘的树木种子有苹果树种、野梨树种、西伯利亚苹果树种、红接骨木树种、皂荚树种、雪球花树种、马栗树种和欧洲板栗树种、榛树种、狭叶胡秃子树种、沙棘树种。同时，我们也能采摘到丁香、乌荆子、野蔷薇，以及在克里木地区和高加索地区常见的山茱萸的种子。

我们的主意

现在，全国人民都在进行着一个规模宏大的美好事业——植树造林。

春天的时候，我们过的植树节就是一个隆重的造林的节日。我们在集体农庄的池塘周围栽了树苗，免得它将来被太阳晒干。我们在高高的河岸上栽种了树苗，希望将来它能巩固河堤。我们在学校的操场四周也栽种了树苗，用来绿化校园。这些树苗都成活了，经过一个夏天，它们长高了许多。

现在，我们又想出这样一个主意。

冬天的时候，我们的田地里的所有道路都被雪掩埋。每年冬天，我们都不得不砍倒一整片小云杉林，用云杉把道路围挡起来，以免它们被雪掩埋。我们还不得不在一些地方竖起路标，以免行人在风雪中迷路，陷进雪堆里。

我们不禁想，为何每年都要砍掉这么多棵小云杉呢？还不如在道路两旁栽上小云杉呢！小云杉长大后，就能防止道路被雪掩埋，还可以当作路标呢！这样岂不是一举两得吗？

我们立刻行动起来，我们从森林边缘挖走了许多小云杉，装到筐里运到道路两侧，栽种了起来。接着，我们按时给小云杉浇水，它们便在道路两旁茁壮生长起来了。

——驻林地记者　万尼亚·扎米亚青

集体农庄新闻

精选母鸡

昨天，饲养员在集体农庄的养禽场选出了最优质的母鸡，用一块木板小心翼翼地将这些母鸡赶到一个角落里，然后一一捉住，交给专家去鉴定。

专家抓起一只长嘴、细长身体的母鸡。它的羽毛颜色淡淡的，睁着两只惺忪的睡眼，看起来傻乎乎的，似乎在用眼神询问："你干吗打扰我睡觉？"

专家把这只母鸡交还了回去，说："我们不需要这种母鸡。"

接着，专家又抓起一只大眼睛、短嘴巴的小母鸡。它的脑袋宽宽的，两只眼睛睁得老大，闪着亮晶晶的神采。它一边拼命挣扎着，一边乱叫，似乎在嚷着："放手！快放手！你干吗抓我，干吗打扰我？你们自己不挖蚯蚓吃，难道也不许别人挖吗？”

“这只母鸡不错！”专家说，“将来产蛋量肯定大。”

原来挑选母鸡要选那些精力充沛的母鸡，这样才能多产蛋。

乔迁之喜

春天，小鲤鱼的妈妈在一个小池塘里产了卵，孵出七十万条鱼苗。这个池塘里没有别的鱼，就住着这七十万条鱼苗。但是，过了一个半星期后，它们就觉得池塘太过拥挤了。等到夏天的时候，它们搬进了大池塘。它们在大池塘里长大了，秋天到来之前它们就不再是鱼苗，而是鲤鱼了。

现在，小鲤鱼正准备搬到新家——冬天的池塘里去过冬。等冬天过去，它们就是一周岁的鲤鱼了。[1]

[1] 见插图三。

星期日

这个星期日，小学生们去帮助集体农庄的村民们挖甜菜、冬油菜、芜菁、胡萝卜和香芹菜。小学生们惊讶地发现，芜菁比年龄最大的小学生瓦吉克的脑袋还要大。但最令他们感到惊讶的，还是大块头的胡萝卜。[1]

葛娜把一根胡萝卜立在她的脚边，这根胡萝卜竟然高及她的膝盖，胡萝卜的上半截有她的一个手掌那么宽！

“古代的人们一定用这东西打仗，”葛娜说，“把芜菁当作手榴弹，和敌人面对面的时候，就用大胡萝卜敲敌人的脑袋！”

“可是古代的人们根本培育不出这么大的胡萝卜呀！”瓦吉克反驳道。

巧用瓶子

“把小偷关在瓶子里。”

这句话是集体农庄的一个养蜂员说的。

[1] 见插图四。

那天天气很冷，蜜蜂都被关在蜂房里。勤劳的蜜蜂酿造了很多蜂蜜，贪婪的黄蜂被蜂蜜的香甜吸引，想把蜂房里的蜂蜜偷走。可是，黄蜂还没飞到蜂房，就先闻到了蜂蜜味，紧接着就看到养蜂场里摆着一些装着蜂蜜水的玻璃瓶子。这时，黄蜂改变了主意，它们决定不去蜂房里偷蜂蜜了，而改从瓶子里偷！

它们钻进瓶子里试探着，谁知正中圈套。养蜂员盖上瓶盖，黄蜂就淹死在蜂蜜水里了。

阅读感悟

在丰收的秋天，农庄的庄员们勤劳工作，收割完庄稼的庄员们还不忘秋播秋种，他们用勤劳创造着美好的生活，体会劳动的快乐。有言道：“人生在勤，不索何获。”不勤奋劳作，不积极求索，又何来收获呢？

天南地北无线电通报

导读

《森林报》编辑部与各地约定的无线电广播通报又开始啦！各地都发来无线电报讲述他们那里的秋天，有的地区一片荒凉，有的地区却充满生机。我们将通过下面的文字，阅读到冻土带、原始森林、沙漠、高山、草原和海洋的秋天。

这里是列宁格勒广播电台，《森林报》编辑部。

今天是9月22日，秋分。今天我们继续用无线电通报各地的精彩活动。

冻土带、原始森林、沙漠、高山、草原和海洋请注意！请讲一讲你们那里的秋天是什么情况。

冻土带、亚马尔半岛广播电台

我们这里目前很荒凉。夏天的时候，鸟儿曾在岩石上聚集，现在岩石上再也看不到鸟儿的身影了。小巧玲珑的鸟儿都从我们这里飞走了，雁、野鸭、鸥鸟和乌鸦也都飞走了。我们这里四周一片寂静，偶尔有一阵骨头相撞的恐怖声响，那是雄麋鹿争斗时犄角碰撞的声音。

8 月的时候，早晨已经很冷了，水面都被冰封住了。人们早已将捕鱼的帆船和机动船开走了。有几条轮船耽搁了几天，就被水面上的冰给封住了。现在，一条笨重的破冰船正在冻实了的冰面上为这几条轮船开路。

白昼越来越短，夜晚越来越长，只有雪花还在空中飞舞。

乌拉尔原始森林广播电台

我们这里正忙着迎接从北方的冻土带飞来我们这儿的鸟儿。它们只是路过我们这里，短暂地停留。今天来了一群鸟儿，在这里歇歇脚、觅食，明天你再去看，它们已经离开了。因为夜间的时候，它们就已经不慌不忙地继续前进了。

我们欢送的是在这里度过夏天的鸟儿，我们这里的大部分候鸟已经踏上了遥远的旅程，循着阳光的方向，去温暖的地方过冬了。

秋风骤起，把白桦、山杨和花楸树上发黄、发红的叶子扯落下来。落叶松的针叶变成金黄色，柔软的针叶变得粗硬。每天晚上，长着胡子的雄松鸡都会飞到落叶松枝上来，这些浑身乌黑的鸟儿蹲在柔和的金黄色针叶间啄食松果。榛鸡在黑暗的云杉叶丛间高声鸣叫。还有许多红胸脯的雄灰雀与浅灰色的雌灰雀、红脑袋的朱顶雀和角百灵出现在林间。这些鸟儿从北方来，到了我们这里就不再往南飞了，可能它们觉得待在这里也不错吧！

田野越来越荒凉，在晴朗的日子，细长的蜘蛛丝被微风吹拂着，在田野的上空飘扬。遍地都有开着花儿的三色堇，在桃叶卫矛灌木丛上还悬着许多美丽的小果实，颜色鲜红欲滴，就像中国的小灯笼。

我们快要挖完菜园里的土豆了，接下来我们要收菜园里最后一批蔬菜——卷心菜。我们会用蔬菜和水果将整个地窖装满，我们还要去原始森林里采集坚果。

小野兽们也不甘落后。长着细小尾巴、背上有五道鲜明黑条纹的地鼠——金花鼠，它们会往树墩下的洞穴里藏很多坚果，它们还从菜园里偷出了不少葵花籽，把自己的仓库装满。棕红色的松鼠会把蘑菇放到树枝上晾晒。森林里的长尾仓鼠、短尾巴的田鼠和水鼠都把各式各样的谷粒搬运到自己的仓库。带斑点的乌鸦、星鸦也在往树洞或树根底下搬运坚果，为即将到来的艰难日子做准备。

熊为自己寻觅到了一处安全的洞穴，现在它正用脚爪撕云杉树皮做床垫。

所有动物都在为过冬做准备，正辛勤地忙碌着。

沙漠广播电台

我们这里正处在节日的欢乐气氛里，对于沙漠而言，这个季节像春天一样生机勃勃。

难耐的酷暑消退了，雨水一场接一场，沙漠里空气都变得清新了，远处的景物轮廓分明。小草又变绿了，以前躲避炎炎夏日的动物也出现了。

甲虫、蚂蚁和蜘蛛都从地下钻出来了，细爪子的金花鼠也从深深的洞里钻出来了。拖着一条长尾巴的跳鼠，像小袋鼠一样在地上蹦蹦跳跳。整个夏天都在沉睡的巨蟒醒了过来，它们盯上了这些活泼的跳鼠。体态轻盈、善于奔跑的黑尾羚羊、弯鼻羚羊在沙漠上跳跃着，猫头鹰、草原狐、沙漠猫等动物也在沙漠现身了，还有许多鸟儿也飞来了。

沙漠焕发出生机，这里像春天时一样，变得生机盎然、绿意葱茏。

我们继续在沙漠里漫游。数千公顷土地将被防护林带覆盖，防护林带将保护耕地，使其免受沙漠热风的侵袭，还会把沙漠变成绿洲。

帕米尔山脉广播电台

帕米尔山脉十分高峻，它的高度在 7000 米以上的山峰，直入云霄。

我们这儿的秋天既有夏天的景色，也有冬天的景色——山下是夏天，山上却是冬天。

不过，随着天气变凉，山上的冬天开始往山下转移，从云端往下降，动物们也往下搬迁了。

夏天时，有一种野山羊住在凉爽的悬崖峭壁之上，现在它们率先搬家了，山上所有的植物都埋在雪里了，它们没有食物了。

野绵羊也离开了它们在山上的牧场，下山来了。

夏天时，生活在高山草场上的一大群土拨鼠，此时都消失了。原来它们躲到地底下了，它们把自己养得膘肥体壮的，并储存好了过冬的食物，所以现在它们就躲进了地洞，还用草团堵住了地洞入口。

鹿和狍子也沿着山坡走下来了。野猪躲进胡桃树、黄连木树和野杏树丛林里度日。

山下的溪谷和深谷里，突然来了一批夏天时从未在这里出现过的鸟儿，比如角百灵、烟灰色草地鹀、红胸鸲和一种神秘的蓝鸟——鸫鸟[1]。

此时有鸟儿成群结队地从遥远的北方飞到我们这温暖的地方来了，这里有丰富的食物。

我们这里的山下常会下雨。随着一场又一场的秋雨，冬天在慢慢往山下走，离我们越来越近了，山上已经在落

[1] 鸫（dōng）鸟：鸟类，嘴细长而侧扁，翅膀长而平，善走，叫声好听。种类很多，常见的有乌鸫、斑鸫等。

雪了！

人们正在田里采摘棉花，在果园里采摘各种水果，在山坡上收采胡桃。

白雪已经将山顶上的道路覆盖了，人们难以通行。

乌克兰草原广播电台

我们这里有好多活泼的小球，此时正沿着被太阳晒焦的平坦草原跳跃着。它们飞到我们的面前，把我们团团围住，还往我们的脚上扑，可我们并没有感觉到痛，因为它们真的很轻。其实它们不是什么小球，而是圆球形的枯草茎，枯草茎的尖向四边翘着。这些草飞过了土堆和石头，飞到了小丘的后面。

这是风把一丛丛成熟的草连根拔了起来，把它们卷成了小球，就像推车轮似的推着它们满草原跑，草就趁着这个机会，一路撒播自己的种子。

热风很快就无法肆意游荡在草原上了。我们种植的防护林带已经开始发挥保护庄稼的作用了，这样庄稼就不会被旱灾毁掉了。连通伏尔加河和顿河的通航运河的河水都被引进到这里的灌溉渠。

现在正是打猎的好时候，草原湖泊的芦苇丛里聚集着大量的野鸟和水鸟，有本地的，也有路过的。小峡谷里的荒草地里有很多胖胖的小鹌鹑。草原上还有许多野兔——尽是带着棕红色斑点的大灰兔。

城里的集市上有各种水果，西瓜、香瓜、苹果、梨和李子都堆成了小山。

太平洋广播电台

穿过北冰洋的冰原，渡过亚洲和美洲之间的海峡，我们就进入广阔的太平洋水域了。我们时常在白令海峡和鄂霍次克海里遇到鲸[1]。

世界上竟有这样令人惊奇的动物！它们拥有庞大的身躯，超级的体重，极强的力量！

我们亲眼看见一头鲸被人拖到一艘大轮船（捕鲸船）

[1] 鲸：生活在海洋里的哺乳动物，外形像鱼，是现在世界上最大的一类动物。头大，眼小，没有耳壳，前肢形成鳍，后肢完全退化，尾巴变成尾鳍，鼻孔长在头的上部，用肺呼吸。国际捕鲸委员会（IWC）是一个负责管理捕鲸和鲸类保护的国际性组织。在商业捕鲸导致鲸数量锐减后，IWC 决定采取行动保护鲸类。

的甲板上。这是一头长须鲸，它有 21 米长，相当于 6 头大象头尾相连的长度！它的嘴里可以放得下一整艘木船。光是它一颗心脏，就重达 148 千克，能抵得上两个成年男子的体重。它总重量 55000 千克，相当于 55 吨！

如果有一架巨大的天平，把这条鲸放到其中一个天平盘里，要想保持平衡，至少得在另一个天平盘里装 1000 个人，或许还不够。何况这头鲸并不是最大的鲸，还有一种蓝鲸，身长达 33 米，重量达 100 多吨……

我们在白令海峡附近还能看到海狗，在铜岛附近还发现了正带着自己孩子玩耍的大海獭。海獭的毛皮非常珍贵，以前它们曾一度因此遭到猎杀，差点儿灭绝。后来，政府出台了法规严格保护它们，海獭的数目逐渐恢复了。

我们在堪察加半岛的海边看到了一些巨大的北海狮，它们的个头儿与海象一样大。

但在我们看到鲸之后，瞬间觉得这些小海兽在我们眼里都微不足道了。

秋天，鲸会离开我们，去热带水域那里生宝宝。明年春天，鲸妈妈就会带着鲸宝宝重返我们这里。那些还在哺乳期的鲸宝宝，个头儿也比两头牛还要大呢！

我们这里是不捕猎鲸宝宝的。

我们与全国各地的无线电通报到此结束了。

下一次通报，也是今年的最后一次通报，将在12月22日举行。

阅读感悟

在天南地北无线电通报中，我们不仅读到了各个地区的景色变化，还读到了各个地区出现的神奇动物。原始森林里的动物已经开始囤积食物准备过冬了。沙漠里却充满了活力，秋天的沙漠下过几场雨，空气清新，动物都出来活动了，植物也冒出来了。海洋里可以遇到神奇的鲸，那可是个大家伙，虽然它们生活在海洋里，但是它们是靠肺呼吸的。世界上最大的鲸是蓝鲸，一头成年蓝鲸的体重能长到100多吨，身长达到33米，和一艘游艇差不多大。

打靶场：第七次竞赛

1. 按照日历，秋天是从哪天开始算起的？

2. 秋天叶子掉落的时候，哪种野兽还在生小兽？

3. 秋天，哪些树木的叶子变红？

4. 我们这里的候鸟，秋天都要离开我们飞往南方吗？

5. 我们为什么称雄麋鹿为“犁角兽”？

6. 在森林和草场上，集体农庄的庄员们把干草垛圈起来，是为了防止哪些野兽的侵犯？

7. 秋天，哪种鸟总是咕咕叫，嚷嚷着要买一件褂子？

8. 下图是两种不同鸟类在泥地留下的足迹，这两种鸟一种生活在树上，另一种生活在地上。如何根据脚印判断它们分别生活在哪里呢？

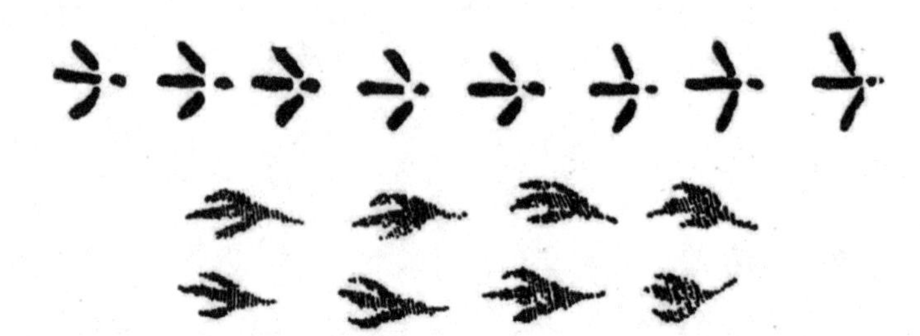

9. 秋天，蝴蝶都飞去哪里了？

10. 什么情况下，人们会骂鸟儿：“你们飞到海外去自投死路啦？”

11. 谜语：今年埋到土里，明年大变样儿地长出来。

12. 谜语：小小马儿跑得快，离开大陆去海外，脊背似貂黑漆漆，肚皮像雪白皑皑。

13. 谜语：待着时是绿色，飞起时是黄色，落下时是黑色。

14. 谜语：身体细细长长，掉在草里爬不起。

15. 谜语：一个灰东西，牙齿真尖利，身在野外找东西，寻小牛来找小孩儿。

16. 谜语：小小贼骨头，身穿灰衣服，田里跳来又跳去，五谷杂粮填饱肚。

17. 谜语：松树林子里，光亮显眼处，站着老头子，戴顶棕帽子。

18. 谜语：带皮时，不能用；去了皮，万人迷。

19. 谜语：自己不拿，也不许偷野鸭。

公告栏："火眼金睛"称号竞赛（六）

快来收养无依无靠的小兔子吧！

现在，森林和田野里可以徒手抓到小兔子。小兔子的腿很短，跑不快。你可以给它喂食牛奶、新鲜的卷心菜或其他蔬菜。

小贴士：你亲自养育大的兔子不会令你寂寞的，兔子是有名的鼓手。白天小兔子安安静静地待在木箱里；到了夜里，它就会用爪子敲击箱子的内壁，像擂鼓一般，将你从睡梦中吵醒。要知道，小兔子是个"夜猫子"呀！

建造小棚子

在河岸、湖岸或海岸边建造小棚子吧！早晨和傍晚，你可以去小棚子那里静坐。候鸟南飞的时候，你待在小棚子里将会看到许多趣事：野鸭爬到岸上来，蹲在离你很近的岸边，你可以看清它的每片羽毛；鹬兜着圈子，在四周穿梭；潜鸟自由自在地潜水；苍鹭飞落在小棚子旁。你还可能看到一些夏天看不到的鸟儿，它们会在这里停留。

到森林和果园去捕鸟儿

把准备好的捕鸟器挂到树上吧！将场地收拾干净，安置好捕鸟器和捕鸟网吧！想要捕捉鸟儿，现在时机正好。

谁来过这里

观察图一，这里是农村的池塘，并没有养家鸭。然而，人们夜里睡觉的时候，有没有野鸭来过这里呢？

图一

观察图二，森林中这两棵山杨树，都被动物啃食过，痕迹不一样。是什么动物啃食的？什么动物到这里来过呢？

图二

观察图三，森林道路上的水洼边，有动物走过的足迹，这些足迹是一些小十字、小点点。这是什么动物的足迹呢？

图三

观察图四，一只动物吃掉了一只刺猬，它从腹部开始吃起，把整个刺猬都吃光了，只留下一张皮。这是什么动物干的勾当？

图四

森林报 第八期

秋二月：仓满粮足月

10月21日—11月20日 太阳进入天蝎座

导读

秋二月带走了森林的颜色，带来了寒冷的气温。候鸟悄无声息地飞走了，它们将要到温暖的南方过冬。清晨，水洼被薄冰覆盖，河里的鱼儿都躲进河底了。所有的动物都要迎接寒冷气候的到来了。

一年——分12个月谱写的太阳诗篇

10月是属于落叶和泥泞的时节，天气初寒，冬伏伊始。

瑟瑟秋风从森林里扯下最后一批枯枝败叶。秋雨连绵，一只湿漉漉的乌鸦带着无限怅惘的神情蹲在篱笆上，它要启程了。在我们这里度过夏天的灰色乌鸦，已经悄无声息地飞向南方了，而它们那些生活在更北地区的同类却悄悄地飞到我们这里来了。原来，乌鸦也是候鸟。我们这里的白嘴鸦是春天最先飞来，秋天最后飞走的候鸟。

秋天完成了它的第一个使命——给森林脱衣裳，现在它开始执行第二个使命了：给水降温，降至冰凉。

清晨，水洼越来越频繁地被一层脆弱的薄冰所覆盖。河水里和陆地上的一样，已经没有了生气，水里活动的动物也越来越少。夏天时，曾在河面上夺人眼球的花朵，此刻早已把种子丢进了河底，把长长的花梗缩回河里。鱼儿去河底的深坑里定居了，因为深坑里不会结冰。而整个夏天都在池塘里安居的长尾巴蝾螈，此时也从池塘里钻出来，早已爬出池塘，爬到树根下，在一个长满青苔的地方居住了下来。

有些陆生动物是冷血动物，现在它们变得更冷了。昆虫、老鼠、蜘蛛、蜈蚣等动物都藏匿起来，不知所终；蛇爬到干燥的洞里，盘成一团，开始了冬眠；蜥蜴趴在树墩脱落的树皮下开始了冬眠……野兽们有的穿上了保暖的皮外套；有的忙着往自己的仓库里搬运粮食；有的在为自己打洞盖窝，它们都在为过冬做准备呢……

凄风苦雨的秋二月，有七种天气现象：烟雨蒙蒙天，微风习习天、风雨交加天、泥泞满地天、狂风大作天、大雨倾盆天、雪花纷纷天。

林中大事记

导读

为了迎接寒冷的冬天，森林中的动物在秋二月就开始着手准备自己的粮仓。短尾巴的田鼠会将粮仓与卧室之间用通道连接起来；水老鼠会到大草墩上安家；就连松鼠都会采集蘑菇，晾干储存。而森林中的植物又如何保护自己的种子免受寒冷侵袭呢？

准备过冬

虽然现在天气还算不上寒冷，但也不能掉以轻心哪！眼看着周围寒气将至，你一定很担心生活在林中的动物能去哪里寻找食物呢？又能去哪里寻找容身之地呢？

别担心，动物都有自己过冬的方法。

长翅膀的鸟儿都飞往温暖的地方过冬了，留下来的动物都忙着往自己的粮仓里储存过冬的食物。

短尾巴的田鼠就在热火朝天地准备着自己的粮仓，大部分田鼠会直接在柴垛里或粮堆下挖掘自己的洞穴，每天夜里往洞穴里偷运粮食。

田鼠的洞穴里有五六个通道，每个通道都有洞口，通向它们在地下建的一间卧室和几间仓库。

田鼠要等到最寒冬的时候才会睡觉，所以它们储藏了很多粮食，有些田鼠的洞穴里存粮甚至达到四五斤。

这些小型啮齿动物经常去我们的庄稼地里偷粮食。我们得时刻提防它们。

过冬的小苗

树木和生长多年的植物都在为过冬做准备。只有一年生命的植物已经播下了它们的种子，但并非所有只有一年生命的植物都用这种形式过冬。虽然杂草只有一年生命，但它们的种子一般当年就发了芽，就在松过土的菜园里生长起来。

在荒芜的黑土地上，有一簇簇锯齿状小叶子的荠菜；有一些与荨麻叶相仿的，长着毛茸茸的紫红色小叶子的野芝麻苗；还有一些伶仃的洋甘菊、三色堇、犁头草的小苗，当然还有惹人厌的繁缕苗。

这些植物都要熬过整个寒冬，活到明年秋天。

准备好过冬的树木

多枝杈的椴树上长满了棕红色的斑点，在雪地里异常显眼。那些棕红色的斑点并不是叶子，而是附在果实上的翅状叶舌。椴树参差不齐的枝杈上结满了这种带有翅状叶舌的果实。并非只有椴树身上才有这种装饰，高大的梣树上面也挂着不少干果呀！这些干果又细又长，像豆荚般一串串挂在树上。

花楸树身上的装饰是最漂亮的！它身上直到现在还挂着一串串夺目的、沉甸甸的浆果呢！小蘖[1]丛上也结着

[1] 小蘖（niè）：常绿灌木，高 1~2 米。圆柱形枝干，老枝暗灰色，幼枝淡黄色。喜温凉湿润的气候环境，耐寒性强。

浆果。

灌木卫矛的枝头也结着奇异的果实，它们看上去像是有着黄色雄蕊的玫瑰花。

有些树木没来得及在秋天结束前播种。

白桦的树枝上，挂着干枯的葇荑花序，葇荑花序里面藏着翅状果实。赤杨的黑色小球果也没有掉落！不过，白桦和赤杨都为春天做好了准备，春天一到，它们的葇荑花序就会伸直身体，张开鳞片，把种子播撒出去。

榛树也有葇荑花序，它的每根树枝上都长着两对粗大的、暗红色的葇荑花序。只不过，榛树上早就没有榛子了。榛树把一切都安排得妥妥当当，它已经安顿好了自己的后代，自己也做好了入冬的准备。

——尼·巴甫洛娃

水老鼠的蔬菜储藏室

夏天的时候，短耳朵的水老鼠在小河边的地下别墅里住着。它在别墅里筑了一间卧室，卧室里有一个通道向下斜伸直通到河边。

现在，水老鼠搬到了一个离小河较远的草场上了，草上有许多草墩，它们就在那里为自己盖了一间温暖舒适的冬季住宅。水老鼠把卧室设在一个大草墩下，卧室里垫着柔软、暖和的草。[1]它还打造了几条专用通道，连通了储藏室和卧室。

水老鼠把储藏室也收拾得井井有条——从地里和菜园里偷来的粮食、豌豆、蚕豆、葱头、土豆等，都在储藏室里分门别类地摆放着。

松鼠的晾台

松鼠在树上做了几个圆窝，它把其中一个圆窝当作仓库，仓库里储藏着它从林中收集的坚果和球果。

此外，松鼠还采集了一些蘑菇——牛肝菌和鳞皮牛肝菌。它把蘑菇穿到折断了的松枝上晾干。等冬天到了，松鼠就去松枝上吃那些干蘑菇。

[1] 见插图五。

寄生式储藏室

姬蜂给它的幼虫找到一间奇特的储藏室。姬蜂有一双矫捷的翅膀，还有一双敏锐的眼睛，这双眼睛就藏着它那朝上卷曲的触角下。姬蜂还有着极细的腰部，细腰将它的胸部和腹部划分成两个部分，与腹部连着的尾巴尖上，有一根像针似的细长、挺直的刺。

夏天时，姬蜂找到一只肥大的蝴蝶幼虫。它扑到蝴蝶幼虫身上，把锐利的刺扎进蝴蝶幼虫的皮肤里，这样蝴蝶幼虫身上就被它刺出一个小洞，它就在这个小洞里产卵。

姬蜂飞走以后，受到了惊吓的蝴蝶幼虫很快又恢复了常态，继续吃树叶。到了秋天，蝴蝶幼虫就会结成茧，变成蛹。

就在这时，蛹里面的姬蜂幼虫也被孵化出来了，它们待在这个温暖舒适的茧里面。蝴蝶幼虫的蛹就成为姬蜂幼虫的食物，足够姬蜂幼虫吃上一年。

等夏天再次到来的时候，裂开的茧里飞出来的不是蝴蝶，而是身子细长挺拔、黑黄红三色相间的姬蜂。姬蜂可是我们的朋友，因为它帮我们消灭了害虫。

自携式储藏室

很多动物不会专门给自己建造储藏室，它们的身体就能当作储藏室。

秋天的时候，它们大吃大喝，把自己吃得圆滚滚的，皮下囤积了厚厚的一层脂肪。这层厚脂肪就是它们为自己储藏的过冬粮。当冬天食物紧缺的时候，厚厚的脂肪就会渗进它们的血液里，就像食物被肠壁吸收一样，脂肪中的养料会随着血液的流动输送到全身，被身体吸收。

冬眠的熊、獾、蝙蝠和其他大大小小的野兽，都是用这种方法熬过寒冬的。它们先吃得饱饱的，而后倒头大睡。脂肪还能起到保暖的作用，不让寒气渗进它们的身体里。

贼被贼偷

森林里的长耳鸮是狡猾的、偷盗成性的动物。但没想到的是，它这样的盗贼竟然也被贼偷了。

长耳鸮的外表看起来和雕鸮很像，只是个头儿小了一些。长耳鸮的嘴巴像个钩子，头上的毛竖着，眼睛又大又圆。不管夜晚有多么黑暗，它都看得十分清楚。它的听力也很灵敏，听得见任何动静。

但凡老鼠在枯叶堆里发出一点儿窸窸窣窣的声响，长耳鸮立刻就会飞到那里。咚的一声，老鼠就被它抓到半空中去了。但凡有小兔子出现在林中空地上，长耳鸮立刻就能飞到它的上空。咚的一声，小兔子就只能在它的利爪下徒劳地挣扎了。[1]

长耳鸮习惯把它的猎物叼回自己的树洞，它吃剩下的食物，也不留给别的动物吃——它会把剩余的食物储存起来，留待冬天食物紧缺的时候吃。

白天，长耳鸮待在树洞里看守存粮，夜里，长耳鸮再飞出去捕猎。捕猎时它也会不时地飞回树洞，看看存粮是不是原封不动地待在树洞里。

一天，长耳鸮忽然察觉到它的存粮好像变少了，它虽然不会数数，但是它的眼睛很敏锐，它会用眼睛盘算。

又到了夜里，长耳鸮肚子饿了，就飞出去捕猎了。等它回来一看，洞里储存的老鼠一只也不剩了，树洞下面有一只和老鼠的个头儿差不多的灰色小野兽在活动。

[1] 见插图六。

它想把那只灰色小野兽抓住，可是这灰色小野兽嘴里叼着一只小老鼠，瞬间蹿过一个小树坑，逃之夭夭了！

长耳鸮跟了过去，几乎就要追上了这个小偷了，这时它定睛一看，原来这个小偷是凶猛的伶鼬，它只好放弃追回那只小老鼠了。

伶鼬以抢劫偷窃为生。它个头儿虽小，但是它勇敢又敏捷，所以才有胆量抢长耳鸮的食物。如果长耳鸮被伶鼬咬住胸脯，那就休想活命了。

夏天又回来了吗

天气冷一阵热一阵的。刺骨的寒风刮来时，天寒地冻；太阳一出来，又变得风和日丽起来。这时，人们不禁恍惚了，夏天又回来了吗？

金黄色的蒲公英和樱草将小脑袋伸出草丛。蝴蝶在空中飞舞着，蚊虫聚集着在空中盘旋，像一丛丛飘浮在空中的轻飘飘的小柱子。一只小巧玲珑的鸟儿不知从哪里冒了出来，翘着尾巴唱起了歌，歌声激扬而又嘹亮！

高高的云杉上传来了柳莺姗姗来迟的歌声，飘忽婉转，缠绵忧郁，像雨点轻轻叩击水面。

此时此刻，你会忘记冬日已近这件事。

受惊的小鱼和青蛙

池塘被冰封了，池塘里的动物也被冰封在了池塘里。而后，在一个晴好的天气里，冰面又骤然融化了。集体农庄的庄员们决定把池塘底部清理一下，他们从池底挖出了一堆堆淤泥。

太阳暖洋洋的，一股蒸汽从淤泥堆里冒了出来。忽然，一团淤泥开始动弹，这团淤泥离开了淤泥堆，正满地打滚儿呢！这是怎么回事呢？

一条小尾巴从一个小淤泥团里露出来，在地上不断地抖动。接着，扑通一声就跳回池塘了！它后面又有第二个小淤泥团，第三个小淤泥团……它们接二连三地跳下去了。还有一些小淤泥团伸出小爪子，跳到池塘边。真是怪事呀！

其实，这并不是什么小淤泥团，而是浑身裹满了淤泥的鲫鱼和青蛙。

它们钻到池塘底部准备过冬睡大觉，庄员们把它们连同淤泥一起挖了出来。太阳把淤泥堆晒热了，鲫鱼和青蛙都睡醒了。它们一睡醒，立刻跳跃起来了，鲫鱼回到池塘底部去了，青蛙则准备另寻一个清静的地方，免得再被庄员们吵醒。

几十只青蛙仿佛商量好了一般，不约而同地朝着大路对面的打谷场跳去，那里有一个更大、更深的池塘，池塘底部的淤泥也更温暖。眨眼间，青蛙们已经跳到大路上去了。

然而，秋天的太阳是不牢靠的。

不一会儿，乌云就把太阳遮住了。寒冷的北风一阵阵刮来，把这些赤身的青蛙冻得不行，它们用尽力气跳了几下，但还是没撑住，腿脚都冻麻了，血液也凝固了，身体变得僵硬，再也动弹不得了。

青蛙再也跳不动了。

所有青蛙都被冻死了，它们临死前，脑袋都朝着大路对面大池塘的方向。那里有一个大池塘，池塘底部有能救命的温暖淤泥。

红胸脯小鸟

夏天的夜里，我在森林里走着，听到茂密的草丛里有响动，我先是有点儿害怕，继而仔细观察了一下。我发现是一只小鸟被青草绊住了，这只小鸟个头儿很小，浑身上下都是灰色的，只有胸脯那里的羽毛是红色的。我很喜欢这只小鸟，便把它带回了家，它给我带来了许多欢乐。

一到家，我就喂了它一点儿面包渣。它吃了之后，就恢复了活力。我给它做了个笼子，捉了些小虫。它就在我家里住了下来，住了整整一个秋天。

后来，有一天我出去玩儿，忘记关好笼子，结果我的猫把这只小鸟吃掉了。

我特别喜欢这只小鸟，为此痛哭了一场。但是一切都已成定局，我后悔莫及了！

——驻林地记者　奥斯丹宁

捉到一只松鼠

夏天的时候，松鼠总是忙着囤积粮食，留到冬天吃。

我曾亲眼看到一只松鼠从云杉上摘下一个球果，拖到了自己挖的树洞里。后来我就在这棵云杉树上做了一个记号。不久之后，我们砍倒了这棵云杉树，把树洞里的松鼠掏出来，发现树洞里已经囤积了很多球果。我们把这只松鼠带回了家，养在笼子里。有个淘气的小男孩把一个手指头伸进笼子里，结果松鼠一口就咬穿了他那个手指头，它可真够狠心的！我们给小松鼠喂食了很多云杉球果，它挺喜欢吃这个的，不过它最爱吃的还是榛子和胡桃。

——驻林地记者　斯米尔洛夫

我的小鸭

我妈妈在我家的一只母火鸡的身下放了三个鸭蛋。

第四个星期的时候，好几只小火鸡和三只小鸭被孵了出来。在这些小家伙还没长结实之前，我们一直不敢让它们出门，把它们放在暖和的地方养着。过了些时日，我们让母火鸡带着小火鸡和小鸭第一次出门了。

我家旁边有一条水沟。三只小鸭一到这里，就摇摇摆摆地想去水沟里游水，母火鸡连忙过来阻拦，大声疾呼：

“嘎！嘎！”然而，它看到三只小鸭在水里游得很自在灵活，便放心地带着小火鸡走开了。

三只小鸭游了一小会儿，觉得有些冷，就从水沟里爬了出来，一边瑟瑟发抖，一边哼哼唧唧地哭喊着，可是这里并没有地方取暖。于是，我捧起它们，将手帕盖在它们身上，把它们送回屋里了。一回到温暖的屋里，小鸭们就安静下来。我就这样一直悉心照顾它们。

清早，我会把三只小鸭放出来，它们会立刻跳进水沟里玩耍。等它们觉得冷了，就会立马往家里跑。[1]小鸭的翅膀还没长齐，所以飞不上台阶，于是就在外面叫唤着。这时，我的家人就会把它们送到台阶上，这三只小鸭就会立即往屋里跑，径直朝我的床奔来，然后站在床边伸长脖子叫唤着。我那时正在睡觉呢！我妈妈就会把它们送到床上，它们就会钻进我的被窝里睡觉。

入秋时，三只小鸭已经长大了。我也进城去上学了。我的小鸭还时常想念着我，总是叫唤着。我听说之后也很难过，为此哭过很多次。

——驻林地记者　薇拉·米赫伊娃

[1] 见插图七。

星鸦之谜

我们这里的森林里，有一种很普通的灰色乌鸦，它的个头儿小一些，浑身布满斑点。我们把它们称作星鸦，西伯利亚人则称它们为星鸟。

星鸦采集松子，储藏在树洞里或树根下的窝里，当作过冬粮食。

冬天一到，星鸦就到处游荡，饿了就去吃树洞里或窝里储存的松子。

它们吃的是自己的存粮吗？不是。每只星鸦都会吃其他星鸦的存粮。如果它们飞到一片陌生的小树林，第一件事就是去寻找其他星鸦的存粮。它们会检查所有树洞，最终总能找到食物。

藏在树洞里的松子当然不难被发现。但是其他星鸦藏在树根下或灌木丛里的松子怎么找呢？况且冬天的大地都被白雪覆盖了。但是星鸦自有办法，它们会飞到灌木丛里，将灌木丛下的雪刨开，总能准确地找到其他星鸦们藏的松子。真奇怪，这里有成千上万的乔木和灌木，星鸦怎么知道松子藏在哪里呢？难道是凭借什么记号找到的？

我们目前还不知道原因。

恐惧的小白兔

树叶已经掉光了，森林显得稀稀疏疏的。

森林里有一只小白兔，伏在灌木丛下东张西望。它的心里十分害怕，因为它总听到周围有窸窸窣窣的声响……是老鹰在树枝间挥动翅膀吗？还是狐狸正踩踏着落叶向它走来？这只小白兔正在换毛，身上有许多白色斑点，但它已经变得越来越白了。它正在企盼初雪的降临！等到初雪降临大地，它就不容易被其他动物发现了。可现在四周那么明亮，森林里五彩斑斓的，大地上铺满了黄色、红色和棕色的落叶，一只小白兔置身其间，是多么显眼哪！

要是猎人来了怎么办？

它该往哪个方向跑呢？它跑起来就会把枯叶踩得沙沙作响，光是这声音就能把它自己吓得昏过去！

小白兔趴在灌木丛下，用青苔遮蔽着自己的身体，紧贴着一个白桦树墩，纹丝不动，大气都不敢出，惊恐地向四处张望着。

真的好可怕呀……

“女巫的扫帚”

此时，叶子都掉光了，白桦树光秃秃的，树上有一团团黑漆漆的东西，夏天的时候根本看不到这些东西。远远地观察，白桦树上的这些东西似乎全是白嘴鸦搭的鸟窝。但是走近一看，就会发现那根本不是鸟窝，而是一束束向四面八方散开的干枯树枝。人们都称它们为“女巫的扫帚”。

让我们回忆一下关于女巫和女妖的民间故事吧！女巫是乘着扫帚在空中飞，一边飞一边用魔法把自己路过的痕迹抹掉。女妖也同样是骑着扫帚在空中飞。不管是女巫还是女妖，似乎都离不开扫帚这个宝物。所以她们会在树木上施魔法，让树木上长出扫帚似的丑陋枝条。民间故事里就是这么编的。

民间故事当然是不科学的。科学的解释是：这些树枝得了“丛枝病”。这种病是由于蜱螨和真菌引起的。这种蜱螨又小又轻，随便一阵风就能把它吹得漫天飞舞。蜱螨要是落在树枝上，就会钻进叶芽里开始寄生。叶芽是一根带有叶胚的芽，将来会生长成嫩枝。蜱螨并不去伤害它们，它们只吸食叶芽的汁液。但是，叶芽被它们吸食后，受到它们分泌物的感染，就患病了。病芽开始发育的时候，嫩枝就会以离奇的速度疯狂生长，其生长速度能达到普通枝条的六倍。

当病芽生长为一根小枝时，小枝又立刻长出侧枝。蜱螨的后代爬到侧枝上，令侧枝又长出侧枝。就这样，侧枝不断地分叉、生长，原本只长一根枝条的地方，就生出了一把奇怪的“女巫的扫帚”。

只要有一个寄生菌的孢子进入叶芽，整棵树就会患上“丛枝病”，这是树木常患的一种疾病。桦树、赤杨、山毛榉、千金榆、槭树、松树、云杉、冷杉和其他乔木、灌木，都有可能患病长出“女巫的扫帚”。

活着的纪念碑

此时，植树活动正热火朝天地举行着。

在这项欢乐的植树活动中，孩子们比大人更积极。他们小心翼翼地挖出冬眠的小树苗，尽量不伤害树根，然后把小树苗移植到新的地方。春天来临的时候，小树苗会从冬眠中醒过来，茁壮成长，给人们带来无尽的喜悦。每个参与了这项植树活动的孩子，就算只栽种过或照料过一棵小树，都是在少年时为自己立的一座美好的绿色纪念碑——一座长久的、活着的纪念碑。

孩子们想出了很棒的主意：他们在花园、菜园和学校的园地里，搭起一些活篱笆。这些活篱笆里的灌木和小树栽得很密集，它们不仅能阻挡尘土和飞雪的侵袭，还能吸引很多鸟儿来栖身。夏天一到，人类的好朋友——鹡鸰、知更鸟、黄莺等鸟儿，就会在这些活篱笆里筑巢，孵出雏鸟。它们会精心守护这个家园，不让害虫来侵犯它。它们还会为我们唱一些欢乐的歌曲。

夏天的时候，有些少年自然科学家曾去过克里木考察，从那里带回一种有趣的灌木——列娃树的种子。春天的时候，我们可以播下这些种子，以后它们就能长成很好的活篱笆。只不过，我们要在这种篱笆上挂上“请勿触碰”的牌子。这些活篱笆就像勇士，拒绝任何人穿过它那结实的屏障。列娃树会像刺猬一样扎人，像猫一样挠人，像荨麻一样刺人。让我们拭目以待吧，看看哪些鸟儿会选中这些严厉的看守做自己的保卫者。

候鸟离乡记

导读

这个时候，森林里的候鸟都飞走了！曾经在列宁格勒的小杜鹃，竟然可以独自踏上旅途，飞向自己的过冬目的地。候鸟是怎么记住自己的飞行路线的呢？请往下阅读，你会得到答案的！

候鸟搬家之谜

为什么候鸟的飞行方向不相同呢？它们有的向南飞，有的向北飞，有的向西飞，有的向东飞。

为什么有的候鸟一直等到河面结冰了、缺乏食物时，才离开我们？而有的候鸟——海燕，在食物充足的时候，也依旧遵照日程表，按时离开了我们呢？

候鸟又是怎么知晓自己的飞行方向、飞行终点及飞行路线的？

这些问题真是令人疑惑，比如，在列宁格勒附近生活的候鸟，却要飞到南非洲或印度过冬。再如，我们这里还有一种飞行速度很快的小游隼，它竟然从西伯利亚一直飞到遥远的澳大利亚过冬。在澳大利亚没待多久，它就又飞回西伯利亚过春天了。

事情并非如此简单

候鸟飞行的问题看起来似乎很简单：候鸟长着翅膀，它们乐意往哪儿飞，就往哪儿飞！这里天气变冷了，没有食物了，它们就扑棱着翅膀往暖和的南方飞。等到南方天气也变冷了，它们就往更南的方向飞，直到飞到一个温度适宜、食物充足的地方，才留下来过冬。

但事实并非如此简单。我们这里的朱雀一直飞到印度，西伯利亚的游隼途经印度和几十个适合过冬的热带地区都不落脚，偏要每年都飞到澳大利亚去，这表明什么呢？

这表明，候鸟跋山涉水、千里迢迢地飞到遥远的地方去过冬，并不只是由于饥饿和寒冷这么简单的原因，或许候鸟天生就带着一种莫名的、强烈的、无法言喻又无法克制的感觉。

众所周知，在远古时期，我国大部分地区曾多次遭遇冰河的侵袭。汹涌澎湃的冰河以排山倒海之势迅速吞噬了大面积的平原，持续数百年后又慢慢退去，接着又卷土重来，反复几次后陆地上的生物都惨遭灭绝。

鸟儿凭借着它们的翅膀才得以保全性命。头一批飞离的鸟儿占据了冰河边缘的土地，后一批鸟儿飞得再远一些，接下来一批鸟儿就飞得更远一些，以此类推，像玩跳马游戏一样。冰河退去以后，被冰河逼走的鸟儿又重返故乡。那些距离故乡不远的鸟儿最先飞回来，距离故乡再远一些的鸟儿就晚一些回来，距离故乡更远一些的鸟儿就更晚一些回来，以此类推，又像玩跳马游戏一样。只是这个跳马游戏进行的速度非常慢，要几千年才能完成一次！鸟儿们可能就在这漫长的时间里养成了一种习惯：天气转冷的秋天它们就离开故乡，阳光和煦的春天就返回故乡。这种习惯被长期保留了下来，因此一到秋天候鸟就会从北往南飞。地球上未曾遭遇冰河侵袭的地方，就没有候鸟迁徙的现象出现——这个事实也可以印证上面的猜测。

其他原因

秋天的时候，并非所有候鸟都向着温暖的南方飞，也有的候鸟向其他方向飞，甚至有的候鸟会向着寒冷的北方飞。

有些候鸟离开故乡，只是因为故乡变成了冰天雪地，水面被冰封住了，它们实在找不到食物。只要大地解冻，我们这里的白嘴鸦、椋鸟、云雀会立刻返回故乡。只要江河湖泊的冰层融化，鸥鸟和绵鸭也会立刻返回。

绵鸭不肯留在坎达拉克沙禁猎区过冬，因为那附近的海域水面上覆盖着厚厚的冰层。它们不得不向北飞，因为再往北一点儿，那里的海域有墨西哥湾暖流经过，海水终年不结冰。

寒冬时节，从莫斯科往南走，一直走到乌克兰，就能看到白嘴鸦、云雀和椋鸟。我们会误认为山雀、灰雀、黄雀是留鸟[1]，而白嘴鸦、云雀和椋鸟不过是飞到比这些留

[1] 留鸟：终年生活在一个地区，不随季节变化而迁徙的鸟儿。它们通常终年在自己的出生地（或称繁殖区）内生活。

鸟稍远一些的地方过冬而已。只有城里的麻雀、寒鸦和鸽子，还有森林和田野里的野鸡一年四季都有固定居所，其他鸟儿都会迁徙。只是有的鸟儿迁徙距离近，有的鸟儿迁徙距离远罢了。如何判断哪种鸟儿是真正的候鸟，哪种鸟儿是留鸟呢？

其实这个问题很难回答，比如，我们很难将灰雀和黄雀归为留鸟，灰雀飞到印度去过冬，黄雀却飞到非洲去过冬。把它们判定为候鸟的原因似乎有些与众不同，它们并非是因为冰河的侵袭变成了候鸟，而是有其他原因。

你看那只雌灰雀，它看起来很像一只普通的麻雀，但是它的头和胸脯却是非常醒目的红色。更令人惊奇的鸟儿是黄雀，它浑身披着金黄色的羽毛，却长着两只乌黑发亮的翅膀。你不禁产生了疑问："这些衣着华丽的鸟儿是我们这里的吗？难道它们是遥远热带地区的来客？"

黄雀原本是典型的非洲鸟，灰雀原本是典型的印度鸟，它们确实是遥远热带地区的来客。或许它们迁徙的原因是这样的：这些鸟儿在自己的故乡繁衍过剩了，年轻的鸟儿不得不去寻找新的栖息地。于是，它们就迁徙到了鸟儿比较少的北方。北方的夏天并不寒冷，即使新出生的幼鸟也不会感冒。但是北方的冬天，天寒地冻，食物也紧缺了，这些鸟儿就不得不返回故乡。故乡此时也有幼鸟出生，幸运的是返回故乡的鸟儿不会被当地的鸟儿赶走，它们会和睦共处。等来年春天一到，返回故乡的鸟儿就再飞回北方。成千上万年过去，它们就这样来来回回地飞着。

所以，我们看到黄雀向北飞，经过地中海飞到欧洲去过冬；灰雀从印度向北飞，经过阿尔泰山脉飞到西伯利亚，然后接着向西飞，经过乌拉尔向前飞。我们判断黄雀和灰雀就是为了寻找新的栖息地才开始迁徙的，就这样成了候鸟。

我们做出这样的判断是有事实可以证明的，比如灰雀，我们在最近几十年里亲眼看见了这种鸟儿的栖息地越来越向西扩张，一直扩张到了波罗的海沿岸，但冬天它们还是会飞回故乡印度过冬。

关于候鸟迁徙习惯的推测，都有一定道理，也能说明一些问题。不过这其中仍然有许多谜题我们尚未破解。

一只小杜鹃的故事

在列宁格勒附近的一座花园里，一只小杜鹃诞生在一个红胸鸲的窝里。

你们不必刨根问底——小杜鹃是怎么独自出现在一棵老云杉树根旁的这个舒适的窝里？它又给它的“养父母”红胸鸲添了多少麻烦？红胸鸲夫妇养育比自己大三倍的小杜鹃，又要寻找多少食物？

一天，这座花园的主人走到红胸鸲的窝旁，把已经长出羽毛的小杜鹃掏出来，仔细地打量了一番，又放了回去。这个行为差点儿把红胸鸲夫妇吓坏了，因为被放回去的小杜鹃的左翅上明显露出一小块白色羽毛的斑记。

最后，个头儿小小的红胸鸲夫妇喂大了它们的养子。但是，这只小杜鹃飞出窝后，每次一见到红胸鸲夫妇，还是会张开红黄色的小嘴，扯着嗓子喊叫讨食。

等到十月初，花园里的大部分树木都变得光秃秃的，只有一棵橡树和两棵老槭树的树叶还有绿色。这时小杜鹃消失了，和那些成年的杜鹃一样，在天气变冷前就离开我们去南非过冬了。等夏天来临时，它们才会再飞回来。

今年夏天，也就是不久前的一天，花园的主人看到一只杜鹃落在一棵老云杉树上。他担心这只杜鹃是来破坏红胸鸲窝的，于是就用气枪把它打死了。

他在这只杜鹃的左翅上看到了一块白色羽毛的斑记。

依然有未解之谜

或许关于候鸟迁徙原因的推测是正确的，但下面这些问题又该怎么解释呢？

一、候鸟的迁徙路程，有时达数千公里，它们是怎么认路的呢？

过去人们以为，每个秋季迁徙的鸟群里，至少有一只认路的老鸟带领。可现在有人确凿地证实：今年夏天，刚从我们这孵出的鸟群里没有一只有经验的老鸟。何况，有些迁徙的鸟群，是年轻的鸟儿比年老的鸟儿先飞走；有些迁徙的鸟群，是年老的鸟儿比年轻的鸟儿先飞走。无论谁先谁后，年轻的鸟儿都能如期抵达目的地。

这真令人费解。即便是老鸟，它的脑子也就一丁点儿大，怎么能记住那么长的路线？即便老鸟是认路的，可是那些两三个月前才出生的幼鸟，又是靠什么认路的呢？真令人百思不得其解！

比如，红胸鸲夫妇养大的那只小杜鹃，它又是怎么找到杜鹃在南非的位置呢？所有老杜鹃几乎都在一个月前飞走了，没有老鸟为它带路！杜鹃是一种生性喜欢独来独往的鸟儿，从不集体行动，迁徙的时候也不例外。小杜鹃是红胸鸲养大的，而红胸鸲是飞往高加索过冬的鸟儿。那么这只小杜鹃是怎么飞到杜鹃世世代代固定过冬的地点——南非？它又是怎么返回那个红胸鸲将它孵出来、养大的鸟窝的？

二、年轻的鸟儿是如何知晓自己的过冬地点呢？

亲爱的《森林报》读者们，你们可能需要仔细研究一下这个谜题。或许这个谜题还需要你们长大后去研究呢。

要揭开这些谜题，首先得抛弃诸如“本能”这类模棱两可的观点。我们需要设计很多巧妙的试验，才能彻底弄清鸟儿的智慧和人类的智慧究竟有何不同。

阅读感悟

秋季候鸟的迁徙要经过漫长的飞行，不仅要忍受饥饿，还要面对飞行途中未知的危险。候鸟的顺利迁徙不仅是由于对栖息地的向往，还是由于它们身上拥有坚持、不放弃的美好品质。我们在学习和生活中，遇到艰难险阻也不应该轻言放弃，面对挫败要学会勇敢面对。

农庄纪事

导读

秋二月的集体农庄变得更忙碌了，集体农庄的庄员们不仅要考虑秋播的工作，还要照顾饲养的动物，将牛羊群赶进畜栏。果园工作队的队员们也在忙着给苹果树换上新装，让它们免遭虫害。老人们也出来帮忙了，他们在做简单的农活儿——采蘑菇。

拖拉机不再轰隆直响了。集体农庄的亚麻分类工作已经完成，最后几批装着亚麻的货车也接连开向城市了。

现在，集体农庄的庄员们已经在考虑来年应该种什么了，选种站培育了优良的黑麦和小麦新品种，他们正在考虑要不要选用它们。

此时田里的农活儿比较少了，家里的活儿多了起来。庄员们现在的注意力都放在了家畜圈上。牛羊被赶进畜栏，马被赶进了马厩。

庄稼收完了，田野就变得空旷起来。一群群灰山鹑开始向农舍靠拢，它们有时在粮仓附近过夜，有时还会飞到村庄里。

捕猎灰山鹑的季节已经过去了，有猎枪的庄员们现在都开始打野兔了。

集体农庄新闻

昨 天

集体农庄的养鸡场灯火通明。现在白昼变短了，所以庄员们决定每晚用灯光照明的方法延长鸡的散步和进食时间。

灯一亮，它们马上就扑到炉灰里洗干浴。一只生性喜欢寻衅滋事的大公鸡，歪着头对着灯泡咯咯叫："你胆敢挂得再低点，我一定会啄你一口！"

营养又美味的调料

干草末是用上好的干草磨制而成的，是任何一种饲料的最佳配料。

如果你想让吃奶的小猪快点儿长大，那么就喂它加了干草末的饲料吧！如果你想让母鸡天天下蛋，那么也喂它加了干草末的饲料吧！

来自果园的报道

果园工作队的队员们正忙着修整苹果树。他们需要把苹果树收拾干净，精心打扮一番。现在苹果树身上只有一个灰绿色的胸饰——苔藓，别的什么都没有。队员们从苹果树上取下苔藓，因为那里是害虫的聚集地。队员们还会把苹果树干和靠近地面的树枝刷上石灰，以免苹果树再次遭遇虫害，这些石灰还能起到夏天防晒、冬天保温的作用。苹果树穿上这身素雅的衣服，变得格外漂亮。果园工作队的队长开玩笑说："我们要在节日前将苹果树打扮得漂漂亮亮的！"

百岁老人也能采的蘑菇

集体农庄里有一位名叫艾库丽娜的百岁老人，我们的记者去采访她的时候，恰好赶上她不在家。艾库丽娜的家人说，这位百岁老人出去采蘑菇了。

艾库丽娜回来的时候，带回满满一袋子蘑菇。她说："那种单个生长的小蘑菇本就难以发现，我老眼昏花，更是看不清。但是我采回来的这些蘑菇，是成片生长的，那一片区域就有上百个蘑菇。我就喜欢采这种蘑菇，它们总喜欢往树墩上爬，这样就更显眼了。这种蘑菇最适合我这样的老人采了！"

晚秋播种

在集体农庄里，蔬菜工作队的队员们正在种莴苣、葱、胡萝卜和香芹菜。

种子被队员们撒在冰冷的土地里。队长的孙女说，她听见了种子在唠叨："你们现在播种也没有用，天气这么冷，我们是发不了芽的！你们想发芽，就自己去发芽吧！"

其实，队员们之所以在这个时候播种，正是因为种子在秋天是不能发芽的。

可是到了春天，这批种子就会最早发芽，最早成熟。人们也就能早点儿收获莴苣、葱、胡萝卜和香芹菜了，这可是一件好事呀！

——尼·巴甫洛娃

都市新闻

导读

在这个月，动物园的动物从露天居所搬到冬季住宅了，都市上空还出现了雕的身影，羽毛颜色繁多、体形怪异的野鸭也对都市的喧嚣毫不畏惧。在未来的日子里，它们又会有怎样的奇遇呢？

在动物园里

动物园里，动物从夏天的露天居所搬到冬季住宅了。冬季住宅里那些带栅栏的笼子十分暖和，所以动物园里的动物都不必靠冬眠来熬过漫漫寒冬了。

鸟儿没有飞到笼子外去。经过一天的亲身感受，它们已经知道人们将它们从寒冷之地搬到暖和的居所了。

没有螺旋桨的飞机

最近这段日子，城市上空总是盘旋着一些奇奇怪怪的小飞机。

行人时常会在街上停下脚步，抬头惊讶地望着这些缓慢盘旋着的小飞机，互相问道：

“你看见了吗？”

“看见了，看见了。”

“真奇怪，为什么我们听不见螺旋桨的声音？”

“或许是因为它们飞得太高了？看哪，它们看起来是多么小！”

“它们降下来了，为什么我们还是听不见螺旋桨的声音？”

“为什么呢？”

“或许是因为它们根本就没有螺旋桨。”

“飞机怎么会没有螺旋桨！莫非这是一种新型飞机？这是什么型号的飞机呀？”

“啊，原来不是飞机，是雕！”

“开什么玩笑！列宁格勒怎么会有雕！”

“有的。这种雕叫作金雕。它们此时正在向南迁徙。”

“原来是这样啊！我也看清楚了，的确是鸟儿在盘旋。如果你不说，我还会以为那是飞机呢。它们的翅膀也不扑闪一下，实在太像飞机了！”

快去看野鸭

最近几个星期，报喜桥边和别的一些地方，时常出现一些羽毛颜色繁多、体形怪异的野鸭。

这些野鸭里，有像乌鸦一样黑的黑海番鸭，有钩嘴巴、翅膀上带着白色斑点的斑脸海番鸭，有尾巴像一根小棒的杂色长尾鸭，还有黑白相间的鹊鸭。

它们一点儿都不畏惧城市的喧闹，即便黑色的蒸汽拖轮破浪而行，正向它们迎面驶来，它们也毫无惧色。它们只是往水里一钻，接着又从几十米外的地方钻出水面。

这些野鸭都是沿着海上飞行线迁移而来的候鸟。每年它们都会路过列宁格勒两次——一次是在春天，一次是在秋天。

老鳗鱼的最后一次旅行

秋意抵达了地面，也抵达了水底，河水变凉了。

老鳗鱼开始了最后一次旅行。它们从涅瓦河出发，途经芬兰湾、波罗的海和北海，一直游到大西洋。

它们就这样告别了生活了一辈子的涅瓦河，去往它们的葬身之处——几千米深的海洋。

不过，临死之前，它们会在海洋深处产卵。海洋深处并没有我们想象中那么冷，那里的水温有7摄氏度。不久之后，鳗鱼产下的鱼子就会长成玻璃一样透明的小鳗鱼。亿万条小鳗鱼将会踏上漫长的旅程，用三年的时间游进涅瓦河口。

它们将会在涅瓦河里长成大鳗鱼。

——尼·巴甫洛娃

阅读感悟

秋二月不仅候鸟要迁徙，河里的老鳗鱼也要迁徙。它们从河流游进深海，来年不会再游回来了。它们将在深海里产卵，并结束自己的一生。在《森林报·春》中的一篇文章《海洋深处的客人》里，详细记录了小鳗鱼在大海里的样子。它们通体透明，连肚里的肠子都能看见。它们的两侧扁扁的，就像一片树叶，漂荡在海底。不过，等它们长到四岁，它们会跟同伴一起成群结队地游回涅瓦河。

打靶场：第八次竞赛

1. 兔子跑路时，是上山方便，还是下山方便？

2. 树木叶落的时候，我们会发现鸟儿的什么秘密？

3. 森林里的什么动物喜欢在树上晾晒蘑菇？

4. 什么野兽夏天住在水里，冬天住在地下？

5. 鸟儿会为自己采集、储藏过冬粮食吗？

6. 蚂蚁怎么过冬？

7. 鸟儿的骨头里有什么？

8. 蜘蛛是昆虫吗？

9. 冬天的时候，青蛙躲到哪里去了？

10. 这里画的是三种鸟儿的脚：一种鸟儿住在树上，一种鸟儿住在地上，一种鸟儿住在水上。你能判断哪种脚属于哪种鸟儿吗？

11. 什么野兽的脚掌外翻?

12. 如下图，猫头鹰的耳朵在什么位置?

13. 谜语：往下掉，往下掉，掉进水里了；掉进水里不下沉，水也不浑浊。

14. 谜语：走哇走，走不到头；捞哇捞，总也捞不完。

15. 谜语：有一种草，一年长得就比院墙高。

16. 谜语：跑多少年也跑不到，飞多少年也飞不到。

17. 谜语：水里洗了半天澡，身上还是挺干燥。

18. 谜语：我们穿着它的“肉”，扔掉它的“头”。

19. 谜语：头戴皇冠，不是国王；脚上有踢马刺，不是骑士；清晨早起，不许人睡。

20. 谜语：有尾不是兽，有“羽”不是鸟。

公告栏："火眼金睛"称号竞赛（七）

这是谁干的?

甲：什么动物在云杉球果上做了手脚，并且把它丢在了地上？

乙：什么动物在树墩上把云杉球果吃得只剩下球心儿了？

丙：什么动物在森林里的榛子上凿出一个小洞，把里面的榛仁都吃了？

丁：什么动物把蘑菇搬上树，挂在树枝上？

看图一，在这棵老桦树上，围着树干一圈，有些一模一样的小洞。这是什么动物弄的？它们为什么要这么做？

看图二，什么动物给牛蒡加工过了？

图一

图二

看图三，在黑暗的森林里，什么动物用大脚爪抓破树干，把云杉皮撕下来自己用？它用树皮有什么用处？

看图四，什么动物在这里做过坏事，破坏了这么多树木，啃了这么多树皮，咬断了这么多树枝？

图三

图四

人人都能够

收回啮齿动物从田地里偷走的好粮食，只要会寻找、挖掘田鼠洞就可以了。

本期《森林报》已经报道过，这些有害的小动物，从我们的田地里偷走大批精选的美食，搬回它们的储藏室。

请勿打扰

我们给自己准备好了温暖的冬季住宅，准备一觉睡到春天。

我们不侵犯你们，但请你也别打扰我们，给我们一个安眠的环境吧！

——熊、獾、蝙蝠

森林报 第九期

秋三月：冬客临门月

11 月 21 日—12 月 20 日　太阳进入人马座

导读

神奇的秋三月到来了，这个月里一半像秋天，一半像冬天。前面我们读到秋天完成了它的两个使命：一个使命是给森林脱衣裳；另一个使命是给水降温。现在它要完成第三个使命了，是什么呢？请往下阅读。

一年——分 12 个月谱写的太阳诗篇

11 月的一半像秋天，一半像冬天。11 月是 9 月的孙子，是 10 月的儿子，是 12 月的亲哥哥。11 月在大地上钉满了寒冬的钉子，而 12 月在大地上铺上了寒冬大桥。若你骑着带有斑纹的骏马巡游，会看到：忽而落雪花，忽而落雨水。11 月这个铁匠铺子虽然不太大，但它铸造的枷锁却足够这片土地使用：它能冰冻池塘与湖泊。

秋天开始执行它的第三个使命了：用雪花把大地涂白。此时的森林一片荒凉，树木被冷雨浇湿，变得黑乎乎、光秃秃的。河面上的冰闪着微光，如果你站在上面踩一脚，它就会咔嚓一声裂开，将你沉入冰水里。大地盖上了一层厚厚的棉被，是由雪花制成的，所有的秋播作物此时都停止生长了。

不过，现在毕竟还没到冬天，现在只是冬天的序曲而已，难得一见的阳光偶尔还会出来跟我们打个照面。每当阳光普照大地，万物都欢呼雀跃起来！这里，树根下钻出一群黑色的蚊虫，摇曳着飞上了天空；那边，在我们脚下，蒲公英、款冬开出一朵朵金黄色的小花，它们一般都是到春天时才开花呢！但是，太阳没有唤醒沉睡的树木，它们会一直睡到来年春天。

现在，伐木的季节开始了。

林中大事记

导读

在寒冷的秋三月，獾和熊在寻找合适的地点冬眠，可是森林里依然有植物顽强地活着，还有五彩斑斓的“花朵”绽放在树枝上。森林里的动物和植物都在为了冬天的到来而做准备。

莫名其妙的现象

今天，我扒开雪查看那些只有一年生命的植物。它们只能度过一个春天、一个夏天和一个秋天。

可是，今年秋天，我才发现它们并没有全部枯死。现在已经是 11 月了，但还有很多草是绿色的！

雀稗还顽强地活着，这是一种乡村里常见的生长在房前的小草。它们密密麻麻地铺在地上，小茎交织在一起。人们常常熟视无睹地将它们踩在鞋底，它们的叶子又小又长，它们的粉红色的小花很不起眼。

矮小却能把人刺伤的荨麻也顽强地活着。夏天的时候，荨麻很烦人，人们在田里除草时，双手经常会被它刺出水疱来。

蓝堇也保持着自己的生命力，蓝堇是一种漂亮的小植物，长着微微散开的小叶子和粉红色的细长小花，花尖儿的颜色深。人们常能在菜园里看到它。

这些只有一年生命的植物都顽强地活着呢！不过，春天一到，它们就枯死了。既然如此，为何还要在雪下艰难存活呢？这种现象该如何解释，还有待研究。

——尼·巴甫洛娃

森林里并非死气沉沉

寒风在森林里肆虐，光秃秃的白桦树、山杨树和赤杨树在风中摇摇晃晃。最后一批鸟儿匆忙离开了故乡。

我们这里的鸟儿还没有全部离开，冬天的访客就已经登门了。

鸟儿各有各的习性和趣味：有的鸟儿把高加索、外高加索、意大利、埃及和印度当作过冬的地点；有的鸟儿宁愿留在这里过冬，可能它们觉得我们这里的冬天还算暖和，食物也很充足。

会飞的“花朵”

沼泽地上，赤杨那黑乎乎的枝条可怜兮兮地挂在树干上，枝条上没有一片叶子，无限凄凉。地上的青草也都变成了黄色。太阳也变得懒洋洋的，躲在灰色的云团后，鲜少露面。

但是，生在沼泽地上的赤杨枝条也有喜上眉梢的时刻，它周围忽然出现了许多五颜六色的“花朵”，在日光的照耀下翩翩起舞。这些“花朵”大得出奇，颜色各异，有白色的、红色的、绿色的，还有金黄色的。有的“花朵”落在赤杨枝条上；有的“花朵”粘在白桦树的树皮上；有的“花朵”掉在地上；有的“花朵”飘在空中。落在树上的“花朵”就像一个醒目的斑点，飘在空中的“花朵”就像一个挥舞着翅膀的小精灵。

它们发出木笛般的声音，此起彼伏，遥相呼应。它们从地面飞向树枝，又在树枝间穿梭。它们是谁？它们又从哪儿来？

来自北方的鸟儿

这些来自遥远北方的鸟儿，是来我们这里过冬的客人。这些客人有红胸脯的朱雀，有烟灰色的太平鸟，有深红色的松雀，有绿色的雌交喙鸟和红色的雄交喙鸟，还有黄绿相间的黄雀、黄羽毛的小金翅雀和胖胖的灰雀。而原本住在我们这里的黄雀、金翅雀和灰雀都飞去更加暖和的南方过冬了。这些来我们这里做客的鸟儿，都来自寒冷的北方。现在北方特别冷，在它们看来，我们这里已经足够暖和了！

黄雀和朱顶雀吃赤杨和白桦的籽，太平鸟和灰雀吃花楸果和其他浆果，交喙鸟吃松树的松子和云杉的球果。来我们这里过冬的客人都能吃得饱饱的。

来自东方的鸟儿

远远望去，矮小的柳树上突然开出瑰丽的白玫瑰似的花朵。这些“白玫瑰”在灌木丛中飞来转去，用它那钩子般的细长黑脚爪，东抓抓，西抓抓，在空中扑棱着花瓣似的小白翅膀，一阵婉转的啼鸣在空气中荡漾开来。

这些“白玫瑰”就是白山雀。

白山雀不是从北方飞到我们这里来的，而是从东方飞来的，它们的故乡是冰雪肆虐的西伯利亚，那里早已入冬，深雪已将矮小的柳树覆盖。白山雀只好越过连绵不断的乌拉尔山脉，来我们这里过冬。

该睡觉了

太阳被大片云团遮得严严实实，湿漉漉的灰色雪花洋洋洒洒地自高空飘下。

一只胖胖的獾正一瘸一拐地走向自己的洞口，它很生气：森林里一片泥泞，潮湿的土地令它浑身不适。现在是时候钻到它那个干燥整洁的地下洞穴了，也是时候躺下来睡个懒觉了。

此时，羽毛蓬松的小型乌鸦——北噪鸦正在林子里斗殴。它们竖起湿漉漉的咖啡色羽毛，发出尖厉的叫声。

树顶的一只老乌鸦突然大叫了一声。原来，它看到远处有一具动物尸体。它那油亮的蓝黑色翅膀一闪，朝着唾手可得的美食飞去。

森林里寂静无声，灰色雪片落在黑漆漆的树枝和褐色的土地上，大地上的落叶渐渐腐烂了。

不一会儿，鹅毛大雪倾泻而下，将黑漆漆的树枝和褐色的土地都覆盖了……

河流被严寒侵袭，水面已经冰封。芬兰湾也结冰了。

最后的飞行

11 月的最后几天，天气骤然变暖，积雪突然有了融化的迹象，不过最终它们还是没有融化。

我早晨散步时发现积雪上方（无论是道路上、灌木丛里还是树木之间）的空隙里，到处都能见到一些黑色的小蚊虫飞舞着。它们疲惫地挥舞着翅膀，像是被风裹挟着从下面的某处升了起来，虽然此时一丝风都没有。它们在空中绕了半圈，侧着身子摇摇晃晃地落在了雪上。

午后，雪开始融化，树上的积雪掉落下来。如果你抬头望去，水珠就会掉落你的眼睛上，或者一团湿冷的雪会摊在你的脸颊上。这时，不知从哪里冒出一堆黑乎乎的小蚊虫，夏天的时候谁也没有见过它们。此时，它们兴高采烈地擦着雪面低飞着。

等到傍晚降温，它们就又藏匿起来。

貂追松鼠

有不少松鼠到这一带的森林里来做客了。它们北方老家今年遇到饥荒了，松果不够吃了。

松鼠分散地坐在一棵棵松树上，用后爪抓着树枝，用前爪捧着松果啃。

一只松鼠没抱住松果，松果就滑落到雪地上了。松鼠舍不得把它丢弃，就气冲冲地叫着，从一根树枝跳到了另一根树枝上，接着跳到树下了。

它在地上一蹦一跳，后腿一蹬，前脚撑地，一直往前奔去。

它突然发现一个枯枝堆里露出了一团黑乎乎的毛皮和一双锐利的小眼睛……松鼠顾不得那个松果了，它慌不择路，急忙跳到眼前的一棵树上，沿着树干就往上爬。原来枯枝堆里埋伏着一只貂，它紧追着这只松鼠。貂也飞快地爬上树干。

此时，松鼠已经爬到了树梢。松鼠一跳，就到了另一棵树上。

貂缩起它那蛇一般的细长的身子，背脊一弯，也跟着纵身一跳。

松鼠沿着树干向上飞奔，貂就紧跟在它后面。松鼠的动作非常灵敏，但貂的动作更灵敏。

松鼠逃到这棵树的树顶上，没法再往上跑了，而附近也没有其他树了，它真的走投无路了。貂马上就要追上它了……

松鼠只好往下跳，跳到另一根树枝上。但貂依然紧追着它不放。

松鼠在树梢上来回地跳，而貂就在它身后穷追不舍。松鼠不停地跳，终于无处可逃了，旁边没有别的树了。它没有选择的余地了，只好跳到地上，而后赶紧向前奔向另一棵树。

但是松鼠在地上可斗不过貂。貂毫不费力地追上了松鼠，并扑倒了它。松鼠就这样一命呜呼了……

灰兔的诡计

半夜三更，一只灰兔悄悄钻进了果园。小苹果树的树皮真甜，天快亮的时候，它已经啃坏了两块树皮。雪落在灰兔的身上，它也不以为意，继续啃咬树皮。

村庄里的公鸡啼叫过三遍了，狗也跟着汪汪吠叫。

灰兔这才回过神来，它该趁着人们还没醒来，赶紧回到森林里。此时，周围已是白茫茫一片，它那一身带棕红色斑点的皮毛，在雪地上分外瞩目，距离很远都能看见。它真羡慕白兔，白兔浑身雪白，在雪地里可以隐身。

昨天夜里下的这场初雪还没有冻实，很容易踩下脚印。灰兔在雪地上留下了一串脚印，它长长的后腿踩下的是长条状的脚印，短短的前腿踩下的是圆圈状的脚印。它的每个脚印和每个爪痕，都能被人清晰地识别。

灰兔就这样穿过田野，跑进森林。在饱餐之后，它想在灌木丛中打个盹儿。可是，无论它藏到哪儿，都会因脚印暴露行踪。

于是灰兔只好使出诡计了：它准备把自己的脚印弄乱。

天亮了，村里的人醒了。果园主人走进自己的果园一看——哎呀，天哪！两棵好端端的小苹果树的树皮不翼而飞了！他看了一眼雪地上的痕迹，就什么都明白了——灰兔的脚印留在了苹果树下。他愤愤地握紧拳头，心想着：灰兔，你给我等着！果园主人回到屋里，往枪里装上弹药，带着枪沿着雪地上的足迹追去了。

瞧，灰兔是从这里跳过篱笆的，跳过篱笆后，穿过田野，直奔森林了。可果园的主人一进森林，就发现灰兔的脚印开始围着灌木兜圈子了。哼！你这点儿小诡计可骗不了我！我会抓到你的！

这是第一个诡计——绕灌木丛跑一圈。

接下来是第二个诡计——灰兔把自己的足迹切断了。

果园主人一直跟着脚印追踪，灰兔的两个诡计都被他识破了。

他开始思考：灰兔的脚印中断了，四周又都是平整的雪地，就算兔子蹿了过去，也会留下痕迹呀！

果园主人弯下腰，仔细查看那些脚印。啊！原来这灰兔踩着自己来时的脚印走回去了，它走回去的每个新脚印都和自己来时的脚印重合了。不仔细看，还真看不出来。

果园主人沿着脚印往回走，走着走着，又走回田野了。这是怎么回事？他转过身，又顺着重合的脚印向前走。原来如此！他中了灰兔的第三个诡计！那重合的脚印很快就到头了，又变成单层脚印了，说明灰兔就是在这里往旁边跳了。

现在他明白了：灰兔顺着脚印的方向，径直蹿过灌木丛，接着就往旁边跳走了。然后又是一串均匀的脚印，隔了一段距离，又中断了。再然后又有一串新的重合的脚印越过了灌木丛。过了灌木丛，再往前就是跳着跑了。

现在可得目不转睛地查看……瞧，它又往旁边跳了一次。此时，灰兔肯定在一个灌木丛下躲着呢！

灰兔真的就躲在附近，只不过它并没有像猎人想的那样躲在灌木丛下，而是躲在一大堆枯枝里。

灰兔在睡梦间隐约听到一阵脚步声，并且越来越近……它一抬头，就看见两只穿短靴的脚，还有一杆触及地面的黑色猎枪。

灰兔蹑手蹑脚地从枯枝堆里溜了出来，一溜烟儿蹿到了枯枝堆后面。果园主人只瞧见一个短短的小灰尾巴一闪而过，隐匿到灌木丛里。

果园主人只好两手空空地回去了。

不速之客

最近，我们这里的森林里出现了一个夜间强盗。想要看到它可不太容易，夜里太黑，根本看不见它，白天它又跟雪的颜色相差无几，依旧很难分辨。它是从北极地过来的，身上的颜色跟北方常年不化的白雪一样。这位夜间强盗就是北极雪鸮。

雪鸮的个头儿跟猫头鹰差不多，但力气没有猫头鹰大。大大小小的鸟儿、老鼠、松鼠和兔子都是它的食物。

它的故乡是冻土带，冻土带天气很冷，小动物都躲到洞里了，绝大多数鸟儿也飞走了。

雪鸮的食物紧缺，所以才不得不背井离乡，来我们这里过冬了。这位不速之客打算入春时再回家。

啄木鸟啄球果

我们的菜园后面长着一大片老山杨树和老白桦树，还有一棵更老的云杉。云杉上残留着几个球果。这几个球果吸引了一只羽毛五颜六色的啄木鸟。啄木鸟落到云杉枝上，用长长的嘴喙啄下一个球果，衔着它沿着树枝往上跳去。[1] 它把球果塞进一个树缝，接着用嘴喙啄食球果里的种子，把种子啄出来之后，就把球果壳往下一丢，再去啄另一个球果。它采来第二个球果后，还是按照这套方法啄食球果里的种子，接着去采第三个球果……如此反复，一直吃到天黑。

——驻林地记者　勒·库波立尔

向熊请教

为了躲避冬天的寒风，熊会将自己的熊洞安在低凹处，甚至将熊洞安在沼泽地上或茂密的小云杉林里。奇怪的是，如果这年冬天是暖冬，会出现积雪融化，那么熊就

[1] 见插图八。

会把熊洞安在小山丘这类高地，这是熊的习惯，世世代代的猎人可以为此证明。

道理其实很简单：熊害怕暖冬，害怕积雪融化。如果冬天有一股雪水流到熊的肚皮上，当天气又忽然转冷时，雪水又会结成冰，熊那身蓬松的皮袄就冻成铁板了，那它该怎么办呢？它就无法冬眠了，只能满森林里乱窜，靠运动来取暖了！

如果熊不能冬眠，还不停地运动，就会耗尽身体里储藏的热量，不得不靠进食来维持体力。可是冬天里食物紧缺，熊又能到哪里找吃的呢？所以，预测到暖冬的熊会挑个高地，免得自己在积雪融化的时候受罪。

熊是如何预测这年冬天是暖冬还是冷冬呢？它为何在秋天时就能准确无误地判断出来呢？其中的原因我们就不得而知了。

要想知道答案，只能钻到熊洞里向熊请教了！

严格遵守采伐计划

我们这里流传一句谚语："一斧子砍不到树。"

很久以前，伐木是一项非常艰苦的劳动。伐木工想挑衅森林里这些绿色的朋友，他们的武器只是一把斧头。直到18世纪，他们才有了锯子。

一名伐木工必须要有充沛的体力，才能一天到晚挥动斧头砍树。一名伐木工必须要有钢铁般的身躯，才能白天在冰天雪地里身穿单衣去劳作，夜里裹着皮袄在小火炉旁或小草棚里睡觉。

春天，伐木工是最艰苦的，他们需要把冬天砍伐好的树木搬运到河边，等河水解冻后，再把一根根沉重的树木推到河里去，让河水运走树木。

河水将原木运到什么地方，什么地方就获利了。

于是，一座座城市在河水两岸建起来了。

现在的情况如何呢？

伐木工这个职业的性质已经发生了天翻地覆的变化。伐木工砍伐树木、削树枝的工具早已不再是斧头，现在这些工作大可交由机器来完成。就连林间道路，也都是由机器开辟、铺就的，机器还会沿着林间道路把砍伐的树木运走。

用来伐木的履带式拖拉机十分好用！这个由钢铁制成的庞然大物，完全听从伐木工的指挥，它们闯入伐木工无法通行的密林，像割草一样，轻而易举地伐倒百年大树。它们可以将老树连根拔起，放到一边，再推开倒在地上的其他树木，铲平地面，修出一条条运输道路。

载有“流动发电站”的汽车从运输道路上风驰电掣地驶过。伐木工手持电锯，走到树前，一根根像长蛇般包着橡皮的电线在他们身后蜿蜒。电锯那尖利的钢齿毫不费力地锯入坚固的树身，就像刀子割黄油一样顺滑。不过半分钟的工夫，直径半米的树干就被锯断了。这可是一棵一百多岁的大树！

方圆一百米以内的树木都被锯倒后，汽车又把“流动发电站”载到前面。这时一辆强大的运树拖拉机开到这个位置来作业。运树拖拉机一把抓起几十棵被锯倒的树木，将其拖到木材运输线上了。

巨大的运树牵引车，沿着这条运输线，将被锯倒的树木拖到窄轨铁路上。一个司机驾驶着长长的一列平车在窄轨铁路上行驶，每节车厢上都装着几千立方米的树木，开向铁路车站或河码头的木材场。人们在木材场里修整、加工这些树木，将其制作成原木、木板或纸浆用料。

在现代，用机器采伐树木，再用机器把它们运到远方草原上的村庄、城市和工厂里，运到一切需要木材的地方。

众所周知，在如此先进的技术条件下，我们必须严格按照全国统一的计划来采伐，不然，我们会逐渐失去森林资源，毕竟靠现代技术来消灭森林，简直再容易不过了。树木的生长周期没有变化，它们仍旧需要几十年才能形成森林！

因此，我国人民会在采伐森林的地方，营造新林，并且栽种名贵的树木。

阅读感悟

森林是地球的肺，它不仅能调节气候、防风固沙，还能滋养土地。很多动物和植物都依赖于森林的生态环境，森林里的树木不仅为它们遮风挡雨，也为它们提供新鲜氧气。森林不仅是动物和植物的家园，也是我们人类家园里重要的一部分。我们应该保护森林资源，不能乱砍伐森林里的树木。

农庄纪事

导读

秋天已接近尾声，冬天即将来临。不仅只有动物在为冬天做准备，集体农庄的庄员们也在为冬天的到来准备着。热闹的集体农庄因为一场雪，变得不一样了！阅读下面的文章，看看集体农庄里还发生了哪些趣事。

冬天真的来了

我们集体农庄的庄员们，今年的工作做得十分出色。我们的集体农庄里，一公顷土地收获 1500 千克粮食，这已经是一件稀松平常的事了。有些优秀工作队成绩斐然，他们有资格获得“劳动英雄”的光荣称号。

集体农庄很重视田间劳动者的忘我劳动，所以决定授予他们“劳动英雄”的光荣称号，用勋章和奖牌来为他们的成就增光添彩。

现在，冬天到来了。集体农庄田里的活儿都干完了。

妇女们在牛棚里工作，男人们去运饲料给牲畜吃，有猎犬的村民出去打灰鼠了，还有不少人去林子里采伐木材了。

灰山鹑离农舍越来越近了。

孩子们每天高高兴兴去上学。白天，他们还会抽时间布置捉鸟网，去小山上滑雪，或滑小雪橇。晚上，他们就写作业、读书。

——尼·巴甫洛娃

我们的心眼儿比它们多

一场大雪过后，我们发现，老鼠居然在积雪下挖了一条直通苗圃的地道。但是我们的心眼儿可比它们多，我们把苗圃里的每棵小树四周的雪都踩实。这样，老鼠就钻不到小树跟前了。有些老鼠钻到雪层外面去了，它就会被冻死。

祸害果树的兔子也常常跑到我们的果园里。对付这些兔子，我们也有一套办法，那就是用稻草和云杉树枝将所有小果树都包扎起来。

——吉玛·布勒多夫

用细丝吊着的小房子

有一种用细丝吊着的小房子，风一吹，它就晃晃悠悠的。这种小房子没有任何御寒设备，墙壁顶多只有一张纸那么厚。谁能在这种小房子里过冬呢？

你绝对想不到这种小房子也是可以用来过冬的！我们见过很多设施简陋的小房子，它们是被一根根蜘蛛丝般的细丝吊在苹果树枝上的，是用枯叶做成的。集体农庄的庄员们一见到这种小房子，就会把它们取下来烧掉。原来，这种小房子的主人都是害虫——山楂绢粉蝶的幼虫。如果不及时消灭它们，来年春天，它们一定会去啃苹果树的芽和花。

凡事都有两面性，森林也是如此。

昨天夜里，集体农庄的果园差点儿失窃，有一只大兔子偷偷钻进了果园，它是来啃小苹果树的树皮的，可是它发现苹果树皮像云杉树皮一样扎嘴。它啃了好多次都失败了，于是只好离开果园，回附近的森林里去了。

果农们早就预料到会有林中小偷儿来果园，于是砍回一些云杉树枝，把苹果树干包了起来。

棕黑色的狐狸

郊区的集体农庄里建起一个养殖场。昨天，一批棕黑色的狐狸被运到这里。庄员们热情地跑来欢迎这些集体农庄的新居民，其中还有刚会跑的学龄前儿童。

好多只狐狸都用怯生生的、怀疑的眼光打量着每个欢迎它们的人。只有一只狐狸淡定地打了个哈欠。

“妈妈！”一个围着白头巾、戴了一顶无边帽的小男孩叫道，“千万不要把这只狐狸围在脖子上，它会咬人的！”

栽在温室里

这天，蔬菜工作队的队员们正在挑选小葱和小芹菜根。

队长的孙女问："爷爷！我们是在给牲口准备饲料吗？"

队长笑了，他告诉孙女："不是的，这次你没猜对。我们现在是要把这些小葱和小芹菜根栽在温室里。"

"为什么要栽在温室里呢？让它们长高吗？"

"不是的，孩子。我们是想常年吃到葱和芹菜。这样，冬天我们吃土豆的时候，就有葱花撒在上面了，我们也有芹菜汤喝了。"

用不着盖厚被子

上周日，一个外号叫米克的九年级学生到集体农庄玩。他在一片树莓丛旁遇到了果园工作队的队长费多西奇。

"老爷爷！您的树莓不怕被冻坏吗？"米克装作很懂

的样子。

“不会冻坏的。”费多西奇回答，“它们能在雪下平平安安地度过这个冬天。”

“在雪下过冬？老爷爷，您是不是糊涂了？”米克接着说，“这些树莓比我还高，您觉得冬天能下这么深的雪吗？”

“下普通的雪就行。”老爷爷答道，“聪明的孩子，请你告诉我，你在冬天盖的被子，比你的身高还高吗？”

“这和我的身高有什么关系呀？”米克笑道，“我是躺着盖被子的！老爷爷，您明白我的意思吗？人都是躺着盖被子的！”

“我的树莓也是躺着盖雪被的呀！不同的是，聪明的孩子，你自己躺到床上就行了，我的树莓需要由我这个老爷爷把它们弯到地上，再绑起来，它们就算是躺在地上了。”

“老爷爷，您比我想象的要聪明得多呀！”米克说。

“孩子，可惜你没有比我想象的聪明。”费多西奇回答道。

——尼·巴甫洛娃

助　手

现在每天都能在集体农庄的粮仓里碰到孩子们。有的孩子在帮着大人挑选春播的种子，有的孩子在菜窖里挑选最好的土豆种子。

年纪大一点儿的孩子还去了马厩和铁工厂帮忙。

很多孩子经常去牛栏、猪圈、养兔场和养殖场里打下手。

他们一边去学校里读书，一边在家里帮农庄干活儿。

——尼古拉·立和诺夫

都市新闻

导读

秋三月的都市又有哪些有趣的故事发生？下午的冰面聚会谁参加了？都市里保护树木的侦察员又是谁呢？为小客人准备的小屋又会存放哪些美食呢？阅读下面的文章来解开这些问题吧！

瓦西里岛区的乌鸦和寒鸦

涅瓦河冰封了。这个季节里，每天下午四点，街对面的施密特中尉桥下游冰面上，总是聚集着瓦西里岛区的乌鸦和寒鸦。

这群鸟儿吵闹过一阵，就又分作好几群，各自飞回瓦西里岛上的花园过夜了。每群鸟儿都住在它们自己喜爱的花园里。

侦察员

城市花园和墓地里的灌木和乔木需要保护，但是人类很难对付灌木和乔木的天敌。这些天敌生性狡猾，个头儿又小，本就不易被人发现。园丁们只好派遣一批侦察员专门来找它们。

我们可以在城市花园和墓地里，发现这些侦察员的身影。

它们的首领是一只带着“红帽圈”的啄木鸟，它的嘴巴像一杆长枪，可以啄到树皮里面。啄木鸟不时地大声发号施令，紧接着，各种山雀闻声飞来：有戴着尖顶高帽的凤头山雀；有戴着厚帽子的胖山雀；有浅黑色的莫斯科山雀；还有穿着浅褐色外套、嘴巴像锥子似的旋木雀；还有穿着天蓝色制服、嘴巴尖利得像匕首的鳾[1]。

[1] 鳾(shī)：鸟类，体长12厘米左右，嘴长而尖，背部蓝灰色，腹部棕黄色。生活在森林中，以昆虫为食。

啄木鸟一发号施令，山雀们立刻回应，接着，整个队伍就展开行动了。

侦察员们迅速占领了树干和树枝。啄木鸟把树皮啄开，用尖利的、钩针似的舌头，把蛀皮虫从树皮中钩出来。䴓则头朝下，围着树干转，看到哪个树缝里有昆虫或昆虫幼虫，就把它那如匕首般锋利的嘴刺进去。旋木雀主要负责下面的树干，它用自己弯弯的、小锥子般的嘴戳树皮。灰山雀则成群结队地在上面的树枝上兴高采烈地兜圈子。它们密切地注视着每个小洞和每个树缝，没有一只害虫能逃得过它们那双锐利的眼睛和那张灵巧的小嘴。

小　屋

我们那些可爱的小朋友——鸟儿马上就要挨饿受冻了。让我们多关心些它们吧！

如果你的家里有花园或小院，就能轻易把一些鸟儿吸引过来，你可以在它们食物紧缺的时候给它们喂食。在天气严寒或狂风暴雨时，给它们一个可以栖身的住所。如果你家有花园或小院让一两只可爱的鸟儿当作栖身之处，那么你就有机会当场抓住它了。你只需造一个小小的鸟屋就行了。

让你的小客人到鸟屋的露台上吃大麻子、大麦、小米、面包屑、碎肉、生猪油、奶酪和葵花子吧！如果你用这种形式招待它，即使你家住在大城市里，也会吸引那些有趣的小客人过来住下的。

你可以用一根细铁丝或细绳子拴在鸟屋的小门上，将细铁丝或细绳子的另一头穿过鸟屋的小窗户通到你的房间。需要给鸟儿关门保暖时，你拉一下细铁丝或细绳子，那扇小门就可以关上了。

还有一个更好的办法！就是给鸟屋通上电流。

不过请记住，夏天的时候千万别捕鸟——万一鸟爸爸或鸟妈妈被捉走了，幼鸟就会被饿死的。

给风评分

在《森林报·春》里，我们给春天的风打过分，春天里最大的风我们给了 6 分。秋天的风与春天的风很不一样，风速更快了，而且寒冷彻骨，破坏性更强。

如果空气以 13.9 ～ 17.1 米 / 秒的速度流动，就会产生疾风。这种情况下，迎风行走时感到很费力气，水面上有一些大浪掀起，浪峰上的水沫被风刮得四处飞溅。我们给这样的风打 7 分。

大风的风速比疾风还要快，迎风行走时会感到举步维艰。如果空气以 17.2 ～ 20.7 米 / 秒的速度流动，就会形成大风。大风会把树上的小树枝吹断，水面上有中度大浪，渔船靠港不出行。我们给这样的风打 8 分。

可以得到 9 分的是烈风。烈风的风速可达 20.8 ～ 24.4 米 / 秒，烈风能对建筑物造成小损伤，能将房顶的瓦片吹掉。

狂风的速度是 24.5 ～ 28.4 米 / 秒。当狂风肆虐时，道路旁的树木会被拔起，建筑物有被摧毁的可能性。狂风能得 10 分。

暴风的破坏性要比以上几种风强，它的风速是 28.5 ～ 32.6 米 / 秒，与信鸽的飞行速度相当。暴风在陆地上极少见，会带来严重灾害。暴风能得 11 分。

最后一个飓风就实在有点儿过头了，我们给它打 12 分。它不仅能摧毁陆地上的一切，还能掀起海浪滔天。它比上面的风都要厉害，破坏力达到最高。它的风速非常快，和游隼的速度相同，可达 32.7 ~ 36.9 米 / 秒。

我们很幸运，暴风和飓风很少造访我们，多年难遇一次。

打靶场：第九次竞赛

1. 虾在哪里过冬？

2. 冬天，饥饿和寒冷，哪个更令鸟儿害怕？

3. 如果兔子的皮毛颜色变白变得晚，那么这年冬天来得早，还是来得迟？

4.“啄木鸟的打铁厂”指的是什么？

5. 在我们这里，什么样的夜强盗，只在冬天出现？

6.“兔子的旁跳”是怎么回事？

7. 秋冬时，乌鸦在什么地方睡觉？

8. 最后一批鸥鸟和野鸭什么时候离开我们？

9. 秋冬时，啄木鸟和哪些鸟会结盟？

10. 猫的眼睛在白天和夜里是一样的吗？

11. 冬天，哪种野兽除了尾巴尖外，浑身都变成白色的？

12. 下图有食草动物和食肉动物的头骨，如何根据牙齿将它们区分？

13. 谜语：无手无脚到处奔，到处敲打窗和门，边敲边打要进屋，不管受不受欢迎。

14. 谜语：一种东西地上躺，两盏灯儿亮堂堂，四种东西分开放。

15. 谜语：一种东西带咸味，水中出生却怕水。

16. 谜语：比煤炭黑，比雪花白，有时比房子高，有时比青草低。

17. 谜语：一个大汉真不错，背着靴子路上过，靴子越来越背不动，心里越来越欢乐。

18. 谜语：一个高个子，院子中央站。前面一把叉，后面一扫帚。

19. 谜语：天天地上走，双眼不望天。哪里也不痛，嘴里老哼哼。

20. 谜语：一座绿房子，没有门和窗。房里的小人儿，满满又当当。

21. 谜语：长啊长大了，钻出叶丛了，放在手掌打着滚儿，放在嘴里咔吧咔吧。

公告栏："火眼金睛"称号竞赛（八）

谁干的事？

1. 这是什么动物的脚印？

2. 屋顶上，有个动物在打转。它是什么动物？它为什么要这样做？

3. 雪里的这个小圆洞是什么？什么动物在这里过夜？这里留下的是什么动物的脚印和羽毛？

4. 这里发生了什么事？为什么有这么多脚印？树枝间的是什么动物的犄角？

快来给鸟儿开办免费食堂吧

你可以用绳子在窗外吊一块小木板。在小木板上撒些面包屑、干蚂蚁卵、面虫、蟑螂、煮熟的蛋屑或奶渣、大麦子、山梨果、蔓越橘、白球花果子、小米、燕麦、牛蒡子等食物。

不过，最好在树上安置一个饲料瓶，在瓶子下面装一小块木板。

在园子里安放一张饲料小桌子，上面搭一个屋顶，以免雪落在小桌子上。这样就更好了。

来帮助挨冻的鸟儿吧

请你谨记，鸟儿——我们的小朋友的困难期快到了。现在正是它们挨饿受冻的时期。别等到春天吧！现在就给它们建造一些诸如树洞、人造椋鸟屋或小板棚之类的暖和小房子吧。这样一来，就能帮助它们躲避极端恶劣的天气。许多鸟儿为躲避刺骨的北风，都要依托人类的帮助，晚上躲在屋檐下、门洞里过夜。还有一只小鹦鹉，晚上甚至要钻到村里一只建造在木柱子上的邮箱里过夜。

请你在椋鸟房或树洞里（具体方法参阅《森林报》第一期和第二期的公告栏），铺上绒毛、羽毛、破布等。这样一来，鸟儿们就有温暖的羽毛被褥了。

附　录

打靶场答案

打靶场：第七次竞赛

1. 从 9 月 21 日，秋分日算起。

2. 雌兔。最后一批小兔叫作“落叶兔”。

3. 山梨树、白杨树、槭树。

4. 不是所有的候鸟都向南飞。例如，朱雀从西往东飞，野鸭、鸥鸟从东往西飞。

5. “犁角兽”的名称是因为雄麋鹿的角很像木犁。

6. 防止兔子和鹿的侵犯。

7. 雄黑琴鸡。它们在春秋两季就是咕噜咕噜地叫着。

8. 生活在地上的鸟，脚为了适应走路，脚趾张得很大，它们是双脚轮换着走路的，所以它们的脚印是一条线。生活在树上的鸟，脚需要抓树枝，脚趾挤得非常紧。

它们在地上是双脚一起跳动着走，所以它们的脚印是两行线。

9. 在第一次寒流侵袭的时候，大多数蝴蝶都死了。也有一部分蝴蝶钻到树木、水栅栏、木屋的缝隙里，它们在那里过冬。

10. 当猎人朝鸟儿射击而未射中时。

11. 秋播谷物：今年播种，明年收割。

12. 金腰燕。

13. 树叶。

14. 雨。

15. 狼。

16. 田鼠。

17. 白蘑菇。

18. 夏天，桑叶悬钩子；秋天，榛子。

19. 稻草人。

打靶场：第八次竞赛

1. 上山方便。兔子的前腿短，后腿长，所以上山跑得更轻快一些。下山的话，它很容易翻跟头打滚儿。

2. 鸟巢的秘密。夏天，茂盛的树叶遮住了鸟巢。秋天，等树叶一落，就很容易发现这些鸟巢了。

3. 松鼠。

4. 水鼩。

5. 这种鸟很少。猫头鹰把死老鼠藏到树洞里；松鸦把坚果藏到树洞里。

6. 蚂蚁把蚁穴的所有进出口封死，然后挤成一团过冬。

7. 空气。

8. 蜘蛛不是昆虫。蜘蛛有 8 只脚，昆虫只有 6 只脚。

9. 躲到水里去了，躲在石头下面，躲在坑里、淤泥里或苔藓下面，或钻到地窖里去。

10. 每种鸟的脚的形状，都有它适应生活条件的原因。生活在地上的鸟，脚为了适应走路，脚趾是直的，张得很开。生活在树上的鸟，脚需要抓树枝，所以它的脚趾弯曲，并且挤得非常紧。它们的脚有非常强的攀附能力。水禽的脚为了适应游水，要像桨一样，所以鸭子脚趾之间的蹼膜是连在一起的，鸭子的脚趾上，也有很硬的瓣膜，这能帮助它的脚在水里划行。

11. 田鼠的脚；就像鱼鳍适应划水一样，它的脚要适应挖土。

12. 猫头鹰竖起的两簇羽毛是假“耳朵”。真正的耳朵在两簇羽毛的下面。

13. 从树上落下来的叶子。

14. 河水上的泡沫。

15. 葎草。

16. 地平线。

17. 鸭子、鹅。

18. 亚麻。

19. 公鸡。

20. 鱼。

打靶场：第九次竞赛

1. 在河边、湖边的洞里。

2. 饥饿更令鸟儿害怕。哪里有东西吃，又不是特别寒冷，它们就会在哪里过冬。

3. 来得晚。

4. 啄木鸟把球果塞在大树或树墩的树缝里，用嘴巴给球果加工。这种树或树墩就被称为“啄木鸟的打铁厂”。在这种“打铁厂”下面的地上，通常都堆积了很多被啄木鸟啄坏的球果。

5. 北方的雪鹀。

6. 指兔子从一连串的脚印中向旁边跳开。

7. 在果园里、丛林里、树上。在这些地方，从傍晚起，就聚集着一大群的鸟儿。

8. 当最后一批湖泊、池塘和河流结冻的时候。

9. 啄木鸟常和山雀、旋木雀和䴓鸟结盟。

10. 不一样。白天，在阳光下，猫的瞳孔很小；晚上，猫的瞳孔就开始变大了。

11. 貂。

12. 食肉动物的颚骨，可以根据它那特别突出的长犬齿辨认，食肉动物用犬齿撕开肉；食草动物的犬齿不怎么突出，但是门牙很有力气。

13. 风。

14. 狗。狗睡觉，眼睛放光，脚张开。

15. 盐。

16. 喜鹊。

17. 身背猎物、带着枪杆子的猎人。

18. 公牛。

19. 猪。

20. 黄瓜。

21. 榛子。

“火眼金睛”称号竞赛答案

竞赛（六）

谁来过这里

图一：野鸭来过这里。你仔细看看水面沾着露水的蒲草和浮萍，中间有一条条的痕迹，这是野鸭聚集在这里活动过的痕迹。

图二：离地面近的那一段白杨树皮，是被兔子啃食的。兔子只能啃到离地面近的树皮。离地面高的那一段白杨树皮，是被麋鹿啃食的，它把细嫩的树枝咬断后吃了。

图三：小十字是爪印，小点点是钩嘴鹬跑到森林中的道路上来了，它沿着水洼淤泥岸边寻找食物呢。

图四：这是狐狸干的勾当。狐狸捉住刺猬后，把它弄死，然后从没有刺的肚子开始把刺猬吃得干干净净的，只剩下刺猬的整个外皮。

竞赛（七）

这是谁干的?

甲：这是交嘴鸟做的。它们用爪子抓住树枝，啄下球果，再从球果里啄出一些云杉子，然后把球果丢掉了。

乙：在地上，松鼠把交嘴鸟吃剩的球果捡了起来，跳到树墩上，把它吃完，吃得只剩下球果的核。

丙：林鼷鼠吃榛子的时候，在榛子壳上啃个小洞，再从这个小洞里啄食榛子。松鼠吃榛子是连皮带壳一起吃掉。

丁：这是松鼠在树上晾晒蘑菇。它把蘑菇晾干了储藏起来，等到没有东西吃的时候，再吃这些储藏好的食物。

图一：这是啄木鸟弄的。它像医生给患者听诊那样，把树里的害虫幼虫给啄了出来。它围着树干跳着移动，用它那坚硬的尖嘴在树干上凿出一圈小洞。

图二：金翅雀最喜欢牛蒡的头状花。

图三：这是熊做的。它用爪子把云杉树皮一条条剥下来，拖到洞里做床垫，好在冬天睡一个暖和舒适的大觉。

图四：这是麋鹿做的。它在那里待了很久，周围的树木都是它的食物：它推倒了小白杨、小赤杨和小花楸树，还把它们啃掉了。有些大树，它只吃它们的嫩枝，它把弄断的树梢全吃了。

竞赛（八）

谁干的事?

1. 这是狗追白兔的脚印。兔子一蹦一跳就留下了这些脚印。后面偏斜的脚印是狗留下的。

2. 它是林鸮鸟。夜里，林鸮鸟在屋顶上。它在那里守望，看是否有老鼠经过。它在那里待了很长时间，不停地向四面转动，踱着步伐，所以才留下了很多星星一样的脚印。

3. 是黑琴鸡在这里的雪底下住了一晚。在这个雪卧室里它们留下了一些羽毛和痕迹；离开的时候，留下了一个个窝。

4. 什么特别的事也没发生。只不过有一只麋鹿在这里待了一会儿。它正在换犄角，所以它总是站在一个地方转来转去，用犄角在树上摩擦。后来，一个犄角终于磨断了，卡在树枝上。在春天到来之前，麋鹿会长出新的犄角。

扫二维码，下载《森林报·秋》题库

童趣文学 经典名著阅读

中国现当代文学

《繁星·春水》
《寄小读者》
《小橘灯》
《宝葫芦的秘密》
《大林和小林》
《城南旧事》
《呼兰河传》
《稻草人》
《骆驼祥子》
《朝花夕拾》
《鲁迅杂文》
《最后一头战象》
《背影》
《神笔马良》

中国古典文学

《三国演义》
《水浒传》
《红楼梦》
《西游记》

经典国学

《中国古今寓言》
《中国古代神话故事》
《唐诗三百首》
《中国民间故事》
《畅学古诗词 75+80 首》
《千字文》

外国经典文学

《爱的教育》
《木偶奇遇记》
《格林童话》
《绿山墙的安妮》
《汤姆·索亚历险记》
《吹牛大王历险记》
《绿野仙踪》
《猎人笔记》
《钢铁是怎样炼成的》
《假如给我三天光明》
《格兰特船长的儿女》
《鲁滨孙漂流记》
《老人与海》
《爱丽丝漫游奇境记》
《地心游记》
《安徒生童话》
《名人传》
《八十天环游地球》
《昆虫记》
《福尔摩斯探案集》
《简·爱》
《童年》
《海底两万里》
《荒野的呼唤》
《西顿野生动物故事集》
《克雷洛夫寓言》
《列那狐的故事》
《尼尔斯骑鹅旅行记》
《长腿叔叔》
《小飞侠彼得·潘》
《伊索寓言》
《小鹿斑比》
《森林报·春》
《森林报·夏》
《森林报·秋》
《森林报·冬》
《居里夫人自传》
《小王子》
《海蒂》
《安妮日记》